Mathematik 5

Kompetent AUFSTEIGEN ...

5. Klasse AHS

Günther Wagner

G&G

Symbolerklärung

1 Übungsaufgabe

In einem solchen Kästchen findest du **Musterbeispiele** zum jeweiligen Thema.

Wichtiger Merksatz! Guter Tipp! Merke dir das gut!

Dem Buch ist ein Lösungsheft zur Selbstkontrolle beigelegt.

Die Aufnahme in den Anhang zur Schulbuchliste für die 5. Klasse an allgemein bildenden höheren Schulen – Oberstufe im Unterrichtsgegenstand Mathematik wurde vom Bundesministerium für Unterricht, Kunst und Kultur mit BMUKK-5.001/0017-B/8/2013 vom 16. Mai 2013 empfohlen.

www.ggverlag.at

ISBN 978-3-7074-1424-0

3. Auflage 2017

Illustrationen: Elena Obermüller
Technische Zeichnungen: Ing. Mag. Dr. Herbert Löffler
Umschlaggestaltung und Layout: Pia Moest
Satz: Rainer Schmid, 1090 Wien
Printed by Litotipografia Alcione, Lavis-Trento, über Agentur Dalvit, D-85521 Ottobrunn

Vorwort

Liebe Schülerin, lieber Schüler!

Du hältst ein Übungsbuch in der Hand, das dir helfen soll, auf einfache Art und Weise in Mathematik aufzusteigen.

Wahrscheinlich bist du in Mathematik nicht so gut und musst daher zusätzlich zu deinen Schulaufgaben noch etwas tun. Vielleicht hat dir deine Lehrerin/dein Lehrer empfohlen, zu Hause zu lernen. Vielleicht fürchtest du sogar, heuer durchzufallen.

Mit „Kompetent Aufsteigen in Mathematik 5" ist das Lernen ganz leicht!

Der wichtigste Stoff der 5. Klasse ist hier zusammengefasst.

Jedes Kapitel wird von einem Theorieteil mit übersichtlichen Erklärungen und einfachen Merksätzen eingeleitet. Die anschließenden Übungen in unterschiedlichen Schwierigkeitsgraden helfen dir, den Lernstoff zu wiederholen, zu festigen und deine Noten zu verbessern.

Als Vorbereitung auf die standardisierte und kompetenzorientierte Reifeprüfung (Zentralmatura) werden am Ende jeden Kapitels Fragen und Übungen zur Grundkompetenz gestellt. Diese berücksichtigen vor allem das neue Prüfungsformat (z. B. Multiple-Choice-Verfahren, Aussagen richtigstellen, Argumentieren, Begründen) und festigen die Grundkompetenz im Hinblick auf die zentrale Reifeprüfung in Mathematik.

Das beigelegte Lösungsheft ermöglicht eine einfache Selbstkontrolle und enthält eine übersichtliche Zusammenfassung der gebräuchlichsten mathematischen Zeichen und wichtigsten Formeln.

Ich wünsche dir viel Erfolg beim Aufsteigen in Mathematik!

Günther Wagner

Inhalt

Aussagen – Mengen

Aussagen

Eine **Aussage** ist ein Satz, dem man eindeutig einen Wahrheitswert zuordnen kann.

verbale Aussage	als Formel geschrieben	Wahrheitswert
„25 ist durch 5 teilbar.“ „π ist eine natürliche Zahl.“	$5 \mid 25$ $\pi \in \mathbb{N}$	wahre Aussage w. A. falsche Aussage f. A.

Allaussage

wahre Aussage **für alle** (∀ … Allquantor) Elemente einer Grundmenge
„**Alle** geraden Zahlen sind durch 2 teilbar.“ w. A.
formal: $\forall x \in \mathbb{N}_g : 2 \mid x$ „Für alle x aus $\mathbb{N}_g$ gilt 2 ist ein Teiler von x.“ w. A.

Um eine Allaussage zu widerlegen (zu **falsifizieren**) genügt ein Gegenbeispiel:
„**Alle** ungeraden Zahlen sind durch 3 teilbar.“ f. A.
Die ungerade Zahl 5 ist beispielsweise nicht durch 3 teilbar!

Existenzaussage

1) wahre Aussage für **mindestens ein Element** (∃ … Existenzquantor) der Grundmenge
„Es gibt (mindestens) eine ganze Zahl, die kleiner –3 ist.“ w. A.
$\exists x \in \mathbb{Z} : x < -3$ w. A. z. B.: –4, –5, …
Um die Richtigkeit einer Existenzaussage nachzuweisen (zu **verifizieren**) genügt ein Beispiel.
2) wahre Aussage für **genau ein Element** (∃! … Eindeutigkeitsquantor) der Grundmenge
„Es gibt genau eine natürliche Zahl zwischen 8 und 12, die Primzahl ist.“ w. A.
$\exists!\, x \in \mathbb{N}, 8 < x < 12 : x \in \mathbb{P}$ w. A. 11 ist die einzige Primzahl zwischen 8 und 12.
3) wahre Aussage für **kein Element** (∄ … es existiert kein) der Grundmenge
„Es gibt keine ganze Zahl zwischen 5 und 6.“ w. A.
$\nexists x \in \mathbb{Z} : 5 < x < 6$ w. A.

Negation von Aussagen

Unter der Negation einer Aussage A versteht man das logische Gegenteil (Verneinung) der Aussage. Man schreibt dafür ¬A („non A“ oder „nicht A“).

Aussage A: „17 ist eine Primzahl“
Negation ¬A: „17 ist keine Primzahl“

Man kann die Wahrheitswerte der Aussage und deren Negation in einer Wahrheitstafel zusammenfassen.
Ist eine Aussage A wahr, dann ist die Negation der Aussage ¬A eine falsche Aussage und umgekehrt.

Wahrheitstafel

A	¬A
w	f
f	w

Verknüpfung von Aussagen

UND-Verknüpfung (Konjunktion)

Zwei Aussagen A und B können durch UND zu einer neuen Aussage verknüpft werden.
Man schreibt $A \wedge B$ und liest „A und B“.

Wahrheitstafel

A	B	$A \wedge B$
w	w	w
w	f	f
f	w	f
f	f	f

A: „π ist größer als 3.“ w. A. B: „5 ist eine ungerade Zahl.“ w. A.
Verknüpfung der beiden Aussagen zu einer neuen Aussage:
$A \wedge B$: $(\pi > 3) \wedge (5 \in \mathbb{N}_u)$
Sind sowohl Aussage A als auch Aussage B wahr, so ist die Konjunktion eine wahre Aussage.

Ist mindestens eine der beiden Aussage A bzw. B falsch, ist auch die Konjunktion $A \wedge B$ falsch!

ODER-Verknüpfung (Disjunktion)

Zwei Aussagen A und B können durch ODER zu einer neuen Aussage verknüpft werden.
Man schreibt $A \vee B$ und liest „A oder B“.

Wahrheitstafel

A	B	$A \vee B$
w	w	w
w	f	w
f	w	w
f	f	f

A: „π ist größer als 3.“ w. A. B: „5 ist eine gerade Zahl.“ f. A.

Verknüpfung der beiden Aussagen zu einer neuen Aussage $A \vee B$:
$(\pi > 3) \vee (5 \in \mathbb{N}_g)$
Sind entweder Aussage A oder Aussage B oder beide Aussagen wahr, so ist die Disjunktion eine wahre Aussage.

Implikation

Zwei Aussagen A und B werden durch „Wenn A, dann B“ (bzw. „Aus A folgt B“) verknüpft.
Man schreibt: $A \Rightarrow B$ „$\Rightarrow$“ ... Folgepfeil
A ... Voraussetzung (Bedingung), B ... Behauptung

A: $x \mid 12$ B: $x \mid 48$ $A \Rightarrow B$: Wenn x die Zahl 12 teilt, dann teilt sie auch die Zahl 48.
Diese Folgerung ist richtig, sie hat den Wahrheitswert wahr (da 48 ein Vielfaches von 12 ist).

A: x ist Primzahl. B: x ist eine ungerade Zahl.
Die Folgerung $A \Rightarrow B$ ist falsch, da 2 sowohl Primzahl als auch eine gerade Zahl ist!

Äquivalenz

Zwei Aussagen A und B werden durch „B genau dann, wenn A“ (bzw. „Aus A folgt B und umgekehrt“) verknüpft.
Man schreibt: $A \Leftrightarrow B$ „$\Leftrightarrow$“ ... Äquivalenzpfeil
Die Bedingung A ist genau dann erfüllt, wenn (auch) die Bedingung B erfüllt ist.

A: $6 \mid 12$ B: 12 ist ein Vielfaches von 6.
$A \Leftrightarrow B$ Aus „6 Teiler von 12“ folgt „12 ist ein Vielfaches von 6“ und umgekehrt!
Diese Äquivalenz ist richtig, sie hat den Wahrheitswert wahr.

Mengen

Unter einer Menge versteht man eine **Zusammenfassung** bestimmter wohlunterscheidbarer Objekte unserer Anschauung. Diese Objekte werden Elemente der Menge genannt.

Mengen werden im Allgemeinen auf zwei Arten festgelegt:

1) im aufzählenden Verfahren: $M = \{0, 1, 2, 3, 4, 5\}$ … Mengenschreibweise,

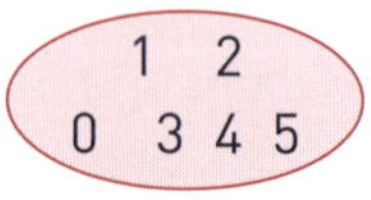

Venndiagramm

2) im beschreibenden Verfahren: $M = \{x \in \mathbb{N} \mid x \leq 5\}$ „Menge aller x aus $\mathbb{N}$, für die gilt: $x \leq 5$"

$$M = \{\underbrace{x \in \mathbb{N}}_{\text{Grundmenge } G} \mid \underbrace{x \leq 5}_{a(x)}\}$$

Grundmenge G a(x) … Mengen bildende Eigenschaft (Bedingung)

Eine Menge kann unendlich viele Elemente (**unendliche Menge**), endlich viele Elemente (**endliche Menge**), kein Element (**leere Menge** { }) oder alle Elemente der Grundmenge (**ganze Menge G**) enthalten.

Gleichheit von Mengen

Zwei Mengen A und B heißen gleich (A = B), wenn beide dieselben Elemente besitzen.

Beispiel: Gib die Mengen $A = \{x \in \mathbb{N} \mid x \leq 5\}$ und $B = \{x \in \mathbb{Z} \mid -1 < x < 6\}$ im aufzählenden Verfahren an!

$A = \{0, 1, 2, 3, 4, 5\}$ $B = \{0, 1, 2, 3, 4, 5\}$ Die beiden Mengen sind gleich. Es gilt: A = B

Teilmenge

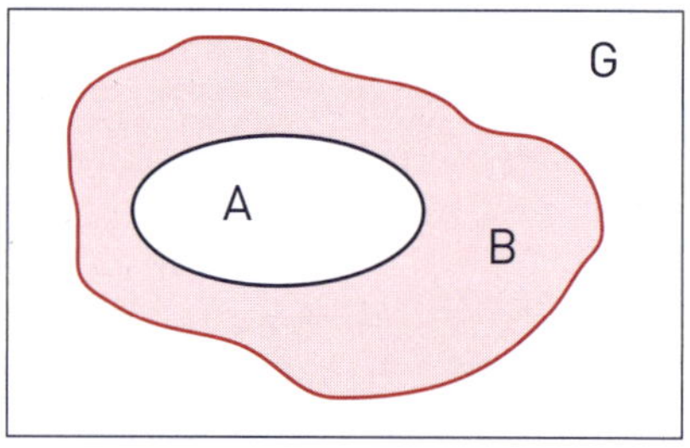

A ist eine Teilmenge von B, wenn jedes Element von A auch Element von B ist.
Man schreibt: $A \subseteq B$, wenn $x \in A \Rightarrow x \in B$

B wird als **Obermenge** bezeichnet. Man schreibt: $B \supseteq A$

Beispiel: Gib von der Menge A = {1, 2, 3} alle Teilmengen an!

$T_1 = \{1\}$, $T_2 = \{2\}$, $T_3 = \{3\}$, $T_4 = \{1, 2\}$, $T_5 = \{1, 3\}$, $T_6 = \{2, 3\}$, $T_7 = \{1, 2, 3\}$, $T_8 = \{\}$

Auch die **leere Menge** { } und die **Menge selbst** sind **Teilmengen**.

Intervallschreibweise: Abschnitte auf der Zahlengeraden können mit Hilfe von Intervallen dargestellt werden. Jedes Intervall ist eine Teilmenge in $\mathbb{R}$.

1) $[-2; 1] = \{x \in \mathbb{R} \mid -2 \leq x \leq 1\}$
abgeschlossenes Intervall von –2 bis 1

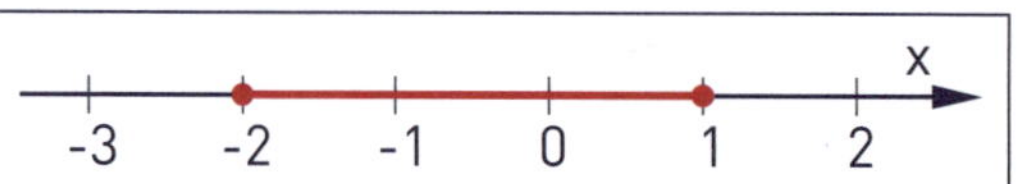

2) $]-2; 1] = \{x \in \mathbb{R} \mid -2 < x \leq 1\}$
links offenes und
rechts abgeschlossenes Intervall von –2 bis 1

3) $[-2; 1[= \{x \in \mathbb{R} \mid -2 \leq x < 1\}$
links abgeschlossenes und
rechts offenes Intervall von –2 bis 1

4) $]-2; 1[= \{x \in \mathbb{R} \mid -2 < x < 1\}$
offenes Intervall von –2 bis 1

5) $]-\infty; 1] = \{x \in \mathbb{R} \mid -\infty < x \leq 1\} = \{x \in \mathbb{R} \mid x \leq 1\}$
rechts abgeschlossenes, links unbeschränktes
Intervall von minus unendlich bis 1

6) $]1; \infty[= \{x \in \mathbb{R} \mid 1 < x < \infty\} = \{x \in \mathbb{R} \mid x > 1\}$
links offenes, rechts unbeschränktes
Intervall von 1 bis unendlich

Randpunkte, die nicht zur Menge gehören, werden durch einen **offenen Kreis**, **Punkte, die zur Menge gehören,** durch einen **geschlossenen Kreis** angedeutet.

Komplementärmenge

Die Elemente x einer Grundmenge G, die eine bestimmte Eigenschaft a(x) besitzen, bilden eine Teilmenge A von G. Jene Elemente von G, die die Eigenschaft a(x) nicht besitzen, bilden die Teilmenge A′.
Man nennt **A′** die **Ergänzungsmenge** (Komplementärmenge) von A bezüglich G und umgekehrt.

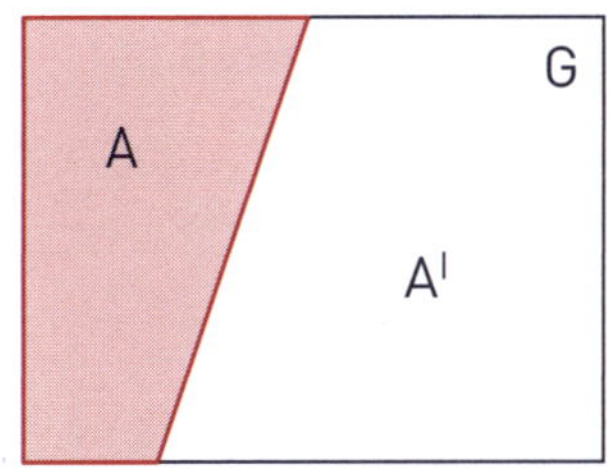

Beispiel: Gegeben ist die Menge $A = \{x \in \mathbb{N} \mid x \leq 5\}$. Gib die Komplementärmenge bezüglich $\mathbb{N}$ im aufzählenden und beschreibenden Verfahren an!

In A′ sind alle natürlicher Zahlen (= Grundmenge) enthalten, die die Eigenschaft a(x): $x \leq 5$ nicht erfüllen. Das sind alle Zahlen, für die $x > 5$ gilt.
$A' = \{6, 7, 8, 9, \ldots\}$ bzw. $A' = \{x \in \mathbb{N} \mid x > 5\}$
A und A′ ergänzen einander zur **Grundmenge** $\mathbb{N}$.

Differenzmenge

Unter der Differenzmenge A \ B („A ohne B") der beiden Mengen A und B versteht man die Menge aller Elemente, die zu A aber nicht zu B gehören. $A \setminus B = \{x \in G \mid (x \in A) \wedge (x \notin B)\}$

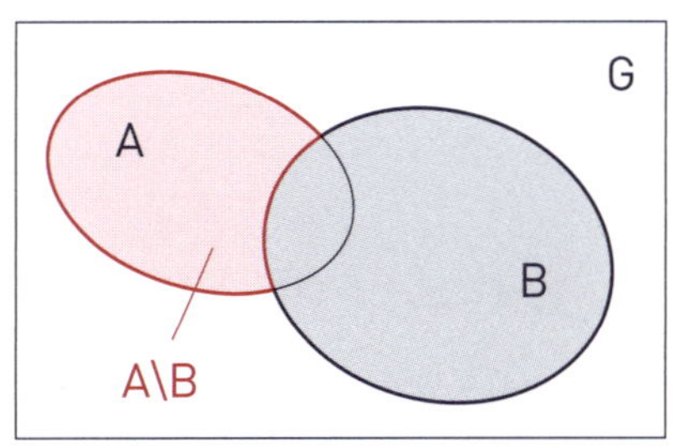

Beispiel: Gegeben sind die Mengen $A = \{2, 3, 5, 7, 11, 13\}$ und $B = \{x \in \mathbb{N} \mid x < 10\}$. Bestimme A \ B!

In A \ B sind alle Elemente von A, die nicht kleiner 10 sind:
$A \setminus B = \{11, 13\}$

Vereinigungsmenge

Unter der Vereinigungsmenge A ∪ B („A vereinigt mit B") der beiden Mengen A und B versteht man die Menge aller Elemente, die zur Menge A oder zur Menge B oder auch zu beiden gehören. $A \cup B = \{x \in G \mid (x \in A) \vee (x \in B)\}$

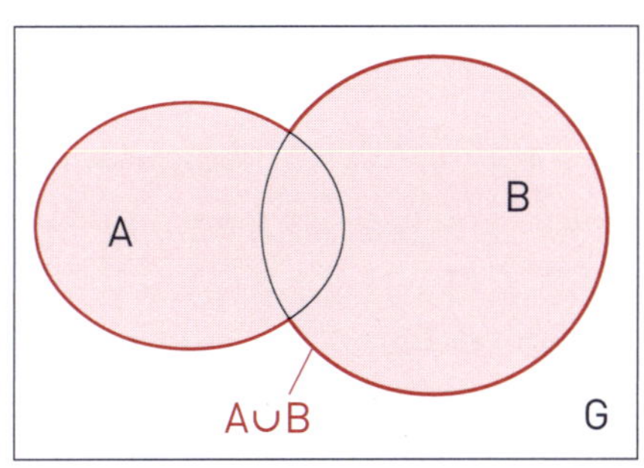

Beispiel: Gegeben sind die Mengen $A = \{x \in \mathbb{N} \mid x \leq 2\}$ und $B = \{10, 20\}$. Bestimme A ∪ B!

A ∪ B enthält alle Elemente, die in A oder B oder in beiden sind: $A \cup B = \{0, 1, 2, 10, 20\}$

Durchschnittsmenge

Unter der Durchschnittsmenge A ∩ B („A geschnitten mit B") der beiden Mengen A und B versteht man die Menge aller Elemente, die sowohl zur Menge A als auch zur Menge B gehören. $A \cap B = \{x \in G \mid (x \in A) \wedge (x \in B)\}$

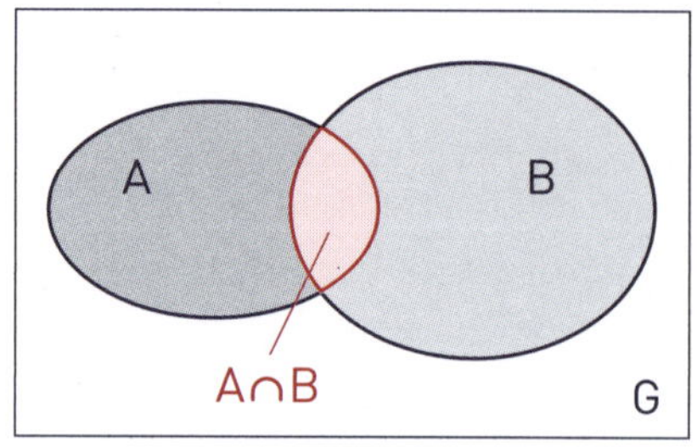

Beispiel: Gegeben sind die Mengen $A = \{2, 3, 5, 7, 11, 13\}$ und $B = \{x \in \mathbb{N} \mid x \leq 5\}$. Bestimme A ∩ B!

A ∩ B enthält alle Elemente, die sowohl in A als auch in B sind.
Das sind alle Elemente von A, die kleiner gleich 5 sind: $A \cap B = \{2, 3, 5\}$

Zwei Mengen, deren **Durchschnittsmenge** die **leere Menge** ist, bezeichnet man als **disjunkte Mengen**.

Produktmenge

Unter der Produktmenge A × B („A kreuz B") der beiden Mengen A und B versteht man die Menge aller Paare (x; y) mit $x \in A$ und $y \in B$. $A \times B = \{(x; y) \mid (x \in A) \wedge (y \in B)\}$

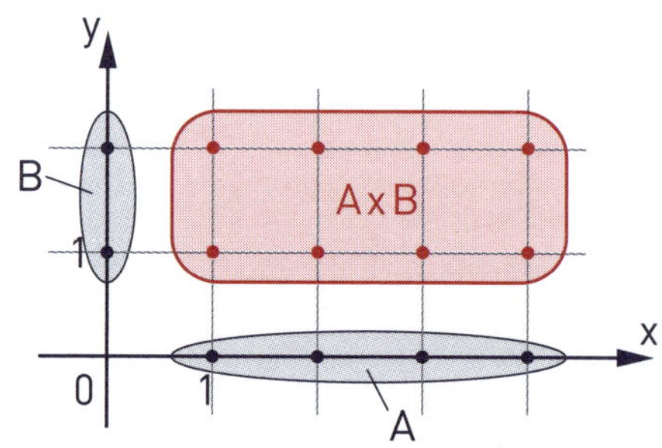

Das Paar **(x; y)** heißt **geordnetes Paar**, weil eine Reihenfolge der Komponenten festgelegt ist. Diese werden durch einen Strichpunkt getrennt, um eine Verwechslung mit einem Komma zu vermeiden.

Beispiel: Gegeben sind die Mengen $A = \{1, 2, 3, 4\}$ und $B = \{1, 2\}$. Bestimme A × B!

$A \times B = \{(1; 1), (1; 2), (2; 1), (2; 2), (3; 1), (3; 2), (4; 1), (4; 2)\}$

Gesetze der Mengenalgebra

Kommutativgesetze		Assoziativgesetze	
$A \cap B = B \cap A$	$A \cup B = B \cup A$	$A \cap (B \cap C) = (A \cap B) \cap C$	$A \cup (B \cup C) = (A \cup B) \cup C$
Gesetze von de Morgan		**Distributivgesetze**	
$(A \cap B)' = A' \cup B'$	$(A \cup B)' = A' \cap B'$	$A \cap (B \cup C) = (A \cap B) \cup (A \cap C)$ $A \cup (B \cap C) = (A \cup B) \cap (A \cup C)$	

Zum Beweis der Gesetze der Mengenalgebra kann man entweder Mengendiagramme oder Fallunterscheidungen mittels Wahrheitstafeln verwenden.

Mengendiagramme werden nach dem englischen Mathematiker John Venn (1834–1923) auch **Venn-Diagramme** genannt.

Beispiel: Beweise, dass das Bilden des Durchschnitts distributiv ist bezüglich der Vereinigung:
$A \cap (B \cup C) = (A \cap B) \cup (A \cap C)$

Beweis mittels Venn-Diagramm:

linke Seite:

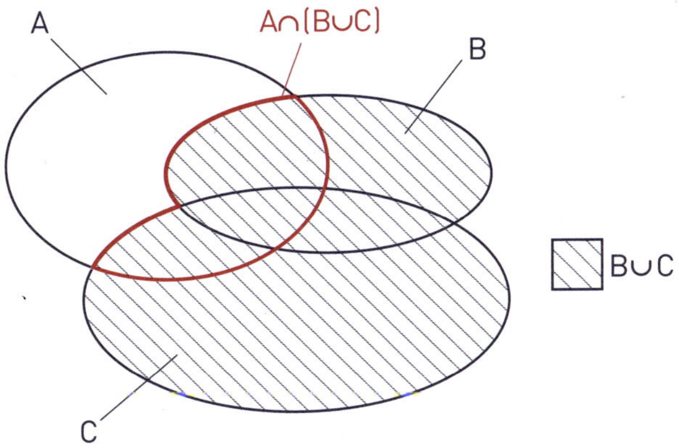

rechte Seite:

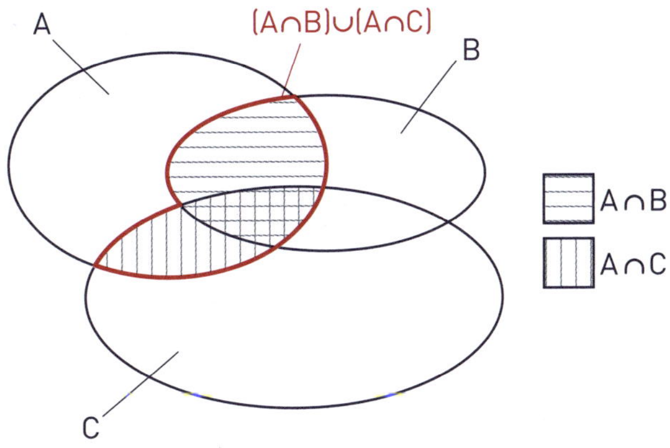

Fallunterscheidung mittels Wahrheitstafel:

Man gibt alle Möglichkeiten für ein Element x an, schreibt die vorkommenden Verknüpfungen getrennt auf und vergleicht die linke und die rechte Seite. Stimmen diese überein, ist das Gesetz bewiesen.

	Fälle			Linke Seite			Rechte Seite		
	A	B	C	A	B ∪ C	A ∩ (B ∪ C)	A ∩ B	A ∩ C	(A ∩ B) ∪ (A ∩ C)
x	∈	∈	∈	∈	∈	∈	∈	∈	∈
x	∈	∈	∉	∈	∈	∈	∈	∉	∈
x	∈	∉	∈	∈	∈	∈	∉	∈	∈
x	∉	∈	∈	∉	∈	∉	∉	∉	∉
x	∈	∉	∉	∈	∉	∉	∉	∉	∉
x	∉	∈	∉	∉	∈	∉	∉	∉	∉
x	∉	∉	∈	∉	∈	∉	∉	∉	∉
x	∉	∉	∉	∉	∉	∉	∉	∉	∉

Die linke und die rechte Seite stimmen überein, das Gesetz ist bewiesen.

Mengen

1 Gib die Menge im aufzählenden Verfahren an!

a) $A = \{x \in \mathbb{N} \mid x \leq 7\}$

b) $B = \{x \in \mathbb{N} \mid 2 < x \leq 8\}$

c) $C = \{x \in \mathbb{N} \mid x \mid 3\}$

d) $D = \{x \in \mathbb{N} \mid 4 \mid x\}$

2 Kennzeichne auf der Zahlengeraden für (1) $G = \mathbb{N}$ und (2) $G = \mathbb{R}$!

a) $A = \{x \in G \mid x \leq 4\}$

b) $B = \{x \in G \mid -5 < x \leq 2\}$

c) $C = \{x \in G \mid |x| \leq 5\}$

d) $D = \{x \in G \mid 0 < x \leq 7\}$

3 Gib die Menge im beschreibenden Verfahren an!

a) $A = \{2, 4, 6, 8, 10\}$ **b)** $B = \{-3, -2, -1, 0, 1, 2\}$

c) $C = \{6, 7, 8, \ldots\}$ **d)** $D = \{\ldots, -4, -3\}$

---

4 Gib an, ob A eine Teil- bzw. Obermenge von B ist!

a) $A = \{1, 2, 3, 4, \ldots\}$, $B = \mathbb{N}$ **b)** $A = \{x \in \mathbb{R} \mid -2 \leq x < 5\}$, $B = [-2; 5[$

c) $A = \{x \in \mathbb{Z} \mid |x| < 2\}$, $B = \mathbb{R}$ **d)** $A = \{1, 3, 5, 7\}$, $B = \mathbb{N}_u$

---

5 Überprüfe, ob die Bedingungen bezüglich der gegebenen Grundmengen äquivalent sind!

a) $x > 0$, $3x > 0$ $G_1 = \mathbb{N}$ $G_2 = \mathbb{Z}$ **b)** $|x| < 5$, $x < 5$ $G_1 = \mathbb{N}$ $G_2 = \mathbb{Z}$

---

6 Gegeben sind die beiden Mengen $A = \{1, 2, 3, \ldots, 9, 10\}$ und $B = \{3, 4, \ldots 7, 8\}$.
Bestimme $A \cap B$, $A \cup B$, $A \setminus B$, $B \setminus A$!

---

7 Gegeben sind die beiden Mengen $A = \{x \in \mathbb{N} \mid x \leq 5\}$ und $B = \mathbb{N}_g$.
Bestimme $A \cap B$, $A \cup B$, $A \setminus B$, $B \setminus A$!

---

8 Beweise die folgende Gesetze mithilfe eines VENN-Diagramms bzw. einer Wahrheitstafel!
Verschmelzungsgesetze: **a)** $A = A \cap (A \cup B)$ **b)** $A = A \cup (A \cap B)$

---

9 Beweise die folgenden Gesetze mithilfe eines VENN-Diagramms bzw. einer Wahrheitstafel!
Gesetze von de Morgan: **a)** $(A \cap B)' = A' \cup B'$ **b)** $(A \cup B)' = A' \cap B'$

---

10 Beweise die folgenden Gesetze mithilfe einer Wahrheitstafel!

a) $(A \cup B) \setminus C = (A \setminus C) \cup (B \setminus C)$ **b)** $A \cap (B \setminus C) = (A \cap B) \setminus (A \cap C)$

Überprüfe dein Wissen!

- ☞ Was ist eine Aussage?
- ☞ Was ist eine Allaussage? Wie kann man sie widerlegen?
- ☞ Welche Existenzaussagen gibt es? Wie kann man sie nachweisen / widerlegen?
- ☞ Was versteht man unter der Negation einer Aussage A?
- ☞ Wie kann man Aussagen verknüpfen? Gib die 4 Möglichkeiten an und erkläre die Begriffe?
- ☞ Wann ist $A \wedge B$ wahr? Wann ist $A \vee B$ falsch?
- ☞ Gib die Definition einer Menge an!
- ☞ Welche Möglichkeiten gibt es, Mengen darzustellen?
- ☞ Teile Mengen nach der Anzahl der Elemente ein!
- ☞ Wann sind Mengen gleich?
- ☞ Was versteht man unter der Teilmenge einer Menge?

Wende dein Wissen an!

1 Was gehört zusammen?

(1) $A \cup B$ (2) $A \setminus B$ (3) $A \cap B$ (4) A' (5) $A \times B$

☐ Komplementärmenge ☐ Durchschnittsmenge ☐ Differenzmenge

☐ Produktmenge ☐ Vereinigungsmenge

2 Liegt eine wahre oder falsche Aussage vor?

	w. A.	f. A.
Jede ganze Zahl ist eine natürliche Zahl.		
$\exists! \, x \in \mathbb{N}_g$ mit x ist Primzahl.		
$\exists \, x \in \mathbb{N} \mid x < 0$		
$\forall \, x \in \mathbb{N}_g$ gilt $2 \mid x$		

3 Setze „wahre/falsche" ein!

Wenn A eine wahre Aussage ist, dann ist $\neg A$ eine ______ Aussage.
Wenn $\neg A$ eine wahre Aussage ist, dann ist A eine ______ Aussage.

4 Liegt eine Implikation oder eine Äquivalenz vor?

(a) A: ABC ist ein gleichseitiges Dreieck.
B: H = S = U = I

(b) A: Alex hat einen Ferrari.
B: Alex hat ein Auto.

5 Eine Schülerin sagt: „Ich gehe heute shoppen und ins Kino." Wann stimmt diese Behauptung nicht?

6 Ein Schüler sagt: „Ich werde Tennis spielen oder Schwimmen gehen." Wann stimmt diese Behauptung?

7 K ist die Menge aller Schülerinnen und Schüler der 5. Klasse, die an der Sommersportwoche teilnehmen. B … Menge der Burschen, M … Menge der Mädchen.
Es werden die Sportarten Tennis, Reiten und Segeln angeboten.
T … Menge der Schülerinnen und Schüler, die Tennis spielen.
R … Menge der Schülerinnen und Schüler, die reiten.
S … Menge der Schülerinnen und Schüler, die segeln.

(a) Beschreibe die folgenden Mengen in Worten (die Komplementärmenge bezieht sich auf K)
$B \cup T$, B', $R \cup S$, $T \setminus R$, $T \cap S$, $K \setminus S$, $S \setminus T$, $M \setminus (T \cup R)$, $)T \cup R) \setminus M$

(b) Drücke durch die entsprechenden Mengenverknüpfungen aus:
Menge der Reiterinnen
Menge der Schüler, die segeln oder Tennis spielen
Menge aller Burschen und Mädchen
Menge der Schülerinnen und Schüler, die nicht segeln

8 Gegeben sind die Mengen $A = \{x \in \mathbb{N} \mid 7 \leq x \leq 15\}$ und $B = \{x \in \mathbb{N} \mid x > 8\}$.
Ist x ein Element der folgenden Verknüpfungen? (Die Komplementärmenge bezieht sich auf $\mathbb{N}$)

x	$A \cup B$	$A \cap B$	$B \setminus A$	$A \setminus B$	A'	B'	$(A \cap B)'$
5	☐	☐	☐	☐	☐	☐	☐
12	☐	☐	☐	☐	☐	☐	☐
14	☐	☐	☐	☐	☐	☐	☐
–4	☐	☐	☐	☐	☐	☐	☐
20	☐	☐	☐	☐	☐	☐	☐

9 Gib die Mengen $A = \{x \in \mathbb{R} \mid -2 \leq x < 7\}$ und $B = \{x \in \mathbb{R} \mid x > 0\}$ in Intervallschreibweise an, stelle sie auf der Zahlengeraden dar und markiere die folgenden Mengenverknüpfungen!
Die Komplementärmenge bezieht sich auf $\mathbb{R}$.

(a) $A \cup B$ (b) $A \setminus B$ (c) $A \cap B$ (d) $B \setminus A$ (e) A'

Zahlenbereiche und Rechengesetze

Natürliche Zahlen

Diese sind die ältesten Zahlen. Man braucht sie u. a. zum Zählen, zum Festlegen einer Reihenfolge, zum Lösen von Gleichungen usw.

$\mathbb{N} = \{0, 1, 2, 3, 4, 5, \ldots\}$ Menge der natürlichen Zahlen

$\mathbb{N}^* = \{1, 2, 3, 4, 5, \ldots\}$ Menge der natürlichen Zahlen ohne Null

Es gibt eine kleinste natürliche Zahl, nämlich 0, aber keine größte natürliche Zahl.
Jede natürliche Zahl außer 0 hat einen Vorgänger. Jede natürliche Zahl hat einen Nachfolger.

Ganze Zahlen

Zur Angabe von Temperaturen, Höhen, Kontoständen usw. werden ganze Zahlen verwendet.

$\mathbb{Z} = \{\ldots, -3, -2, -1, 0, 1, 2, 3, 4, 5, \ldots\}$ Menge der ganzen Zahlen

Es gibt weder eine kleinste noch eine größte ganze Zahl. Zu jeder ganzen Zahl gibt es immer eine nächst kleinere und eine nächst größere ganze Zahl (Vorgänger und Nachfolger).

Rationale Zahlen

Zur Angabe von Bruchteilen, relativen Anteilen usw. werden Bruchzahlen verwendet.

$\mathbb{Q} = \left\{\frac{a}{b} \mid (a \in \mathbb{Z}) \wedge (b \in \mathbb{Z} \setminus \{0\}\right\}$ Menge der rationalen Zahlen

Unendliche nicht periodische Zahlen lassen sich nicht als Brüche anschreiben.
Sie sind daher irrationale (nicht rationale) Zahlen:

$\mathbb{I}$ … Menge der irrationalen Zahlen

Es gibt keine nächst größere bzw. nächst kleinere rationale Zahl. Zwischen zwei rationalen Zahlen lassen sich weitere rationale Zahlen finden, man sagt die Menge $\mathbb{Q}$ ist dicht.

Reelle Zahlen

Rationale und irrationale Zahlen zusammen bilden die Menge $\mathbb{R}$, die Menge der reellen Zahlen.
Jeder reellen Zahl kann man genau einen Punkt auf der Zahlengeraden zuordnen und umgekehrt. $\mathbb{R}$ ist überall dicht.

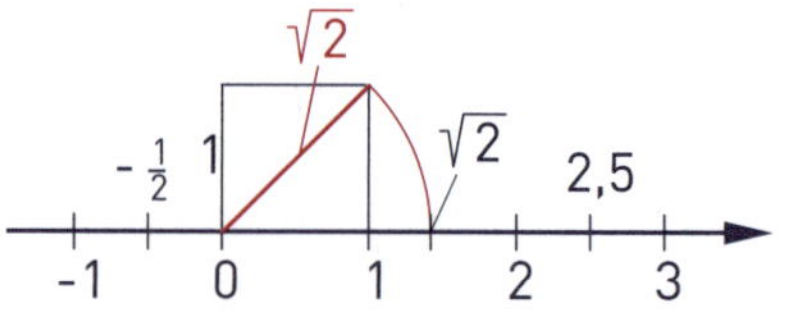

Übersicht Zahlenmenge – Rechenoperation

Zahlenmenge	Rechenoperationen, die ohne Einschränkung möglich sind	Einschränkungen
$\mathbb{N}$	Addition, Multiplikation	z. B. 5 – 12 in $\mathbb{N}$ nicht ausführbar
$\mathbb{Z}$	Addition, Subtraktion, Multiplikation	z. B. 2 : 3 in $\mathbb{Z}$ nicht ausführbar
$\mathbb{Q}$	Addition, Subtraktion, Multiplikation, Division ($\neq 0$)	z. B. $\sqrt{5}$ in $\mathbb{Q}$ nicht ausführbar
$\mathbb{R}$	Addition, Subtraktion, Multiplikation, Division ($\neq 0$), Wurzelziehen aus positiven Zahlen	z. B. $\sqrt{-3}$ in $\mathbb{R}$ nicht ausführbar

Rechengesetze für Addition und Multiplikation in $\mathbb{R}$

	Addition	Multiplikation
Kommutativgesetz (KG)	$a + b = b + a$	$a \cdot b = b \cdot a$
Assoziativgesetz (AG)	$a + (b + c) = (a + b) + c$	$a \cdot (b \cdot c) = (a \cdot b) \cdot c$
Neutrales Element	$a \times 0 = a$ $n = 0$	$a \cdot 1 = a$ $n = 1$
Inverses Element	$a + (-a) = 0$	$a \cdot \frac{1}{4} = 1$
Distributivgesetz (DG)	$(a + b) \cdot c = a \cdot c + b \cdot c$	

Übersicht Zahlenmenge

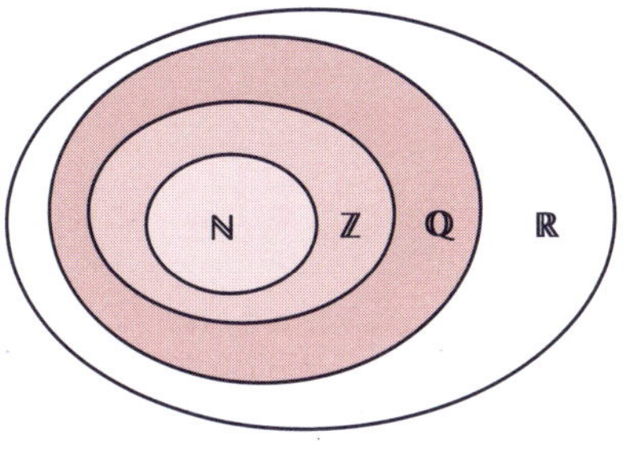

Anmerkung:

Addiert bzw. multipliziert man eine Zahl $a \in \mathbb{R}$ mit dem neutralen Element n, so erhält man die Zahl a.

$a + n = a \quad a \cdot n = a$

Addiert bzw. multipliziert man eine Zahl $a \in \mathbb{R}$ mit dem inversen Element, so erhält man das neutrale Element.

$a + (-a) = n \quad a \cdot \frac{1}{a} = n \quad a \neq 0$

Betrag einer Zahl

Der Betrag einer Zahl $a \in \mathbb{R}$ ist der Abstand der Zahl vom Nullpunkt auf der Zahlengeraden.
Man schreibt: $|a|$ … Betrag der Zahl a
Ist $a \geq 0$, dann ist der Abstand des Punktes a vom Nullpunkt gleich a; also $|a| = a$.
Ist $a < 0$, dann ist der Abstand des Punktes vom Nullpunkt gleich $-a$ (da a negativ ist, ist $-a$ positiv); also $|a| = -a$.

Rechnen mit Potenzen

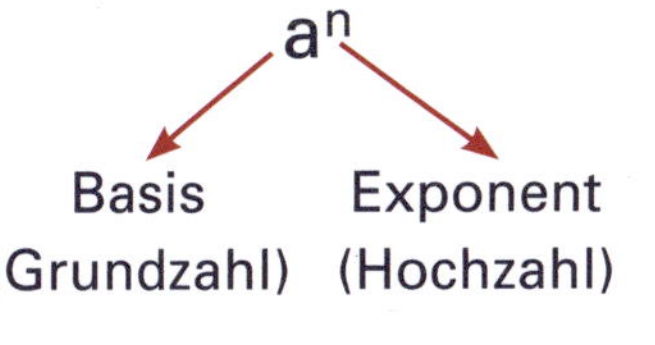

Eine Potenz ist das Produkt gleicher Faktoren; z. B.: $a^3 = a \cdot a \cdot a$
Der Exponent gibt an, wie oft die Basis als Faktor genommen wird.
Sonderfall: $a^1 = a$

Es können nur **Potenzen mit gleicher Basis und gleichem Exponenten** addiert bzw. subtrahiert werden.

a) $9x^2 + 5y - 2x^2 - 8y = 7x^2 - 3y$ **b)** $-5c^2d + 18cd^2 + 2c^2d - 5cd^2 = -3c^2d + 13cd^2$

Multiplizieren von Potenzen

$a^r \cdot a^s = a^{r+s}$	Zwei Potenzen mit derselben Basis werden multipliziert, indem man die Exponenten addiert und die Basis unverändert lässt.
$(a \cdot b)^n = a^n \cdot b^n$	Ein Produkt wird potenziert, indem man jeden Faktor potenziert.
$(a^r)^s = a^{r \cdot s}$	Eine Potenz wird potenziert, indem man die Exponenten multipliziert und die Basis unverändert lässt.

a) $3x^2 \cdot x^5 = 3x^{2+5} = 3x^7$ **b)** $(3xy)^3 = 3^3 \cdot x^3 \cdot y^3 = 27x^3y^3$ **c)** $(2y^2)^3 = 2^3 \cdot y^{2 \cdot 3} = 8y^6$

Binomische Formeln

$(a+b)^2 = a^2 + 2ab + b^2$	$(a-b)^2 = a^2 - 2ab + b^2$	$(a+b) \cdot (a-b) = a^2 - b^2$
$(a+b)^3 = a^3 + 3a^2b + 3ab^2 + b^3$	$(a-b)^3 = a^3 - 3a^2b + 3ab^2 - b^3$	

Dividieren von Potenzen

$a^r : a^s = \frac{a^r}{a^s} = a^{r-s}$	Zwei Potenzen mit derselben Basis werden dividiert, indem man die Exponenten subtrahiert und die Basis unverändert lässt.
$(a : b)^n = \left(\frac{a}{b}\right)^n = \frac{a^n}{a^n} = a^n : b^n$	Ein Bruch (Quotient) wird potenziert, indem man den Zähler und den Nenner potenziert.
$0 : a = 0$ aber $a : 0$ nicht ausführbar	Die Division durch Null ist nicht ausführbar!
$a^0 = 1$	Jede Potenz mit dem Exponenten 0 hat den Wert 1 mit $a \neq 0$.

$10^2 : 10^5 = 10^{2-5} = 10^{-3}$

$\frac{10^2}{10^5} = \frac{100}{100\,000} = \frac{1}{1\,000} = \frac{1}{10^3}$

$10^{-3} = \frac{1}{10^3}$

Was bedeutet eine negative Hochzahl? Wenn du die Rechnung als Bruch aufschreibst, findest du die Lösung!

Festlegung: $a^{-n} = \frac{1}{a^n}$

Zehnerpotenzen – Gleitkommadarstellung

Jede Zahl lässt sich mithilfe von Zehnerpotenzen darstellen.

$23106 = 2{,}3106 \cdot 10\,000 = 2{,}3106 \cdot 10^4$

$2310{,}6 = 2{,}3106 \cdot 1\,000 = 2{,}3106 \cdot 10^3$

$231{,}06 = 2{,}3106 \cdot 100 = 2{,}3106 \cdot 10^2$

$23{,}106 = 2{,}3106 \cdot 10 = 2{,}3106 \cdot 10^1$

Festkommadarstellung   dekadische Einheit   Zehnerpotenz

Mantisse

Gleitkommadarstellung

Die **Mantisse** ist eine Zahl, die **größer gleich 1 und kleiner 10** ist.

Auch auf dem **TR** werden sehr große und sehr kleine Zahlen durch **Gleitkomma** dargestellt.

Definition: $10^n = \underbrace{10 \cdot 10 \cdot 10 \cdot \ldots \cdot 10}_{n \text{ Faktoren}} = 1\underbrace{00\ldots0}_{n \text{ Nullen}}$ Sonderfall: $10^0 = 1$

Verwandle in die jeweils andere Darstellung:

a) $5{,}23879 \cdot 10^4 = 5{,}23879 \cdot 10\,000 = 52\,387{,}9$ **b)** $2{,}3 \cdot 10^7 = 23\,000\,000$

Positiver Exponent der Zehnerpotenz: Man muss das Komma um so viele Stellen nach rechts verschieben, wie der Exponent der Zehnerpotenz angibt.

c) $56\,890\,245 = 5{,}6890245 \cdot 10^7$ **d)** $9\,000\,000\,000\,000 = 9{,}0 \cdot 10^{12}$

Gleitkommadarstellung von Zahlen kleiner 1 – Negative Zehnerpotenzen

Auch Zahlen, die kleiner als 1 sind, lassen sich in der Gleitkommadarstellung angeben.

$0{,}1 = 1 \cdot \frac{1}{10} = 1 \cdot \frac{1}{10^1}$ für $\frac{1}{10^1}$ schreibt man 10^{-1}

$0{,}01 = 1 \cdot \frac{1}{100} = 1 \cdot \frac{1}{10^2}$ für $\frac{1}{10^2}$ schreibt man 10^{-2} **Definition:** $10^{-n} = \frac{1}{10^n}$ mit $n \in \mathbb{N}$

$0{,}001 = 1 \cdot \frac{1}{1\,000} = 1 \cdot \frac{1}{10^3}$ für $\frac{1}{10^3}$ schreibt man 10^{-3}

Verwandle in die jeweils andere Darstellung:

a) $5{,}23 \cdot 10^{-2} = 5{,}23 \cdot \frac{1}{10^2} = 5{,}23 \cdot \frac{1}{100} = 5{,}23 \cdot 0{,}01 = 0{,}0523$

b) $7{,}89 \cdot 10^{-5} = 7{,}89 \cdot \frac{1}{10^5} = 7{,}89 \cdot \frac{1}{100\,000} = 7{,}89 \cdot 0{,}00001 = 0{,}0000789$

Negativer Exponent der Zehnerpotenz: Man muss das Komma um so viele Stellen nach links verschieben, wie der Exponent angibt.

c) $0{,}0056 = 5{,}6 \cdot 10^{-3}$ 5 steht an der Tausendstelstelle. Um das Komma zwischen 5 und 6 setzen zu können, muss man mit 10^{-3} multiplizieren. Beachte, dass in der Angabe vor der Tausendstelstelle 3 Nullen stehen!

Schreibe folgende Größen in Gleitkommadarstellung an!

a) Entfernung der Erde zur Sonne: 150 000 000 km — $150\,000\,000\text{ km} = 1{,}5 \cdot 10^8\text{ km}$

b) Radius eines Wasserstoffatoms: 0,00000000529 cm — $0{,}00000000529\text{ cm} = 5{,}29 \cdot 10^{-9}\text{ cm}$

Bei naturwissenschaftlichen Größen verwendet man folgende Bezeichnungen, Vorsilben und Symbole.

Internationales Einheitensystem SI (Système International d'unités)

Vorsilbe	Symbol	Bezeichnung	Zehnerpotenz (Größenordnung)	Vorsilbe	Symbol	Bezeichnung	Zehnerpotenz (Größenordnung)
Exa	E	Trillion	10^{18}	Dezi	d	Zehntel	10^{-1}
Peta	P	Billiarde	10^{15}	Centi	c	Hundertstel	10^{-2}
Tera	T	Billion	10^{12}	Milli	m	Tausendstel	10^{-3}
Giga	G	Milliarde	10^9	Mikro	µ	Millionstel	10^{-6}
Mega	M	Million	10^6	Nano	n	Milliardstel	10^{-9}
Kilo	k	Tausend	10^3	Piko	p	Billionstel	10^{-12}
Hekto	h	Hundert	10^2	Femto	f	Billiardstel	10^{-15}
Deka	da	Zehn	10^1	Atto	a	Trillionstel	10^{-18}

Speicherkapazität einer CD: 700 MB sind $700 \cdot 10^6$ B = 700 Millionen Bytes
Speicherkapazität einer DVD: 4,7 GB sind $4{,}7 \cdot 10^9$ B = 4,7 Milliarden Bytes

Wandle unter Verwendung der Gleitkommadarstellung 7,5 dm in Meter, Kilometer, Millimeter und Mikrometer um!

7,5 dm → m
$7{,}5\text{ dm} = 7{,}5 \cdot 10^{-1}\text{ m} = 0{,}75\text{ m}$
dm ist um eine Größenordnung kleiner als m, das entspricht der Zehnerpotenz 10^{-1}

7,5 dm → km
$7{,}5\text{ dm} = 7{,}5 \cdot 10^{-4}\text{ m} = 0{,}00075\text{ km}$
dm ist um vier Größenordnungen kleiner als km, das entspricht der Zehnerpotenz 10^{-4}

7,5 dm → µm
$7{,}5\text{ dm} = 7{,}5 \cdot 10^{5}\ \mu\text{m} = 750\,000\ \mu\text{m}$
dm ist um 5 Größenordnungen größer als µm, das entspricht der Zehnerpotenz 10^5

Berechne das Volumen der Erde (Kugel mit dem Radius 6 370 km) und gib es in m³ an!

$V = \frac{4}{3} \cdot r^3 \cdot \pi$ Vor dem Einsetzen verwandle km in m!
$6\,370\text{ km} = 6{,}37 \cdot 10^3\text{ km}$ (Gleitkommadarstellung von 6 370 km)
$6{,}37 \cdot 10^3\text{ km} = (6{,}37 \cdot 10^3) \cdot 10^3\text{ m}$
$(6{,}37 \cdot 10^3) \cdot 10^3\text{ m} = 6{,}37 \cdot 10^{3+3}\text{ m} = 6{,}37 \cdot 10^6\text{ m}$

$V = \frac{4}{3} \cdot r^3 \cdot \pi$ Einsetzen
$V = \frac{4}{3} \cdot (6{,}37 \cdot 10^6)^3 \cdot \pi$ Ein Produkt wird potenziert, indem jeder Faktor potenziert wird.
$V = \frac{4}{3} \cdot 6{,}37^3 \cdot (10^6)^3 \cdot \pi$ Eine Potenz wird potenziert, indem man die Exponenten multipliziert.
$V = \frac{4}{3} \cdot 6{,}37^3 \cdot 10^{18} \cdot \pi$ Berechne mit dem TR: $6{,}37^3 = 258{,}47..$ $\frac{4}{3} \cdot 258{,}47 \cdot \pi = 1\,082{,}6.. \approx 1\,100$
$V = 1\,100 \cdot 10^{18} = (1{,}1 \cdot 10^3) \cdot 10^{18} = 1{,}1 \cdot 10^{21}$
Das Volumen der Erde beträgt rund $1{,}1 \cdot 10^{21}\text{ m}^3$

Näherungswert – Zuverlässigkeitsintervall

Wenn man z. B. Länge und Breite eines Grundstücks angibt, so sind die Abmessungen immer Näherungswerte.

Näherungswert

Der Näherungswert a einer Zahl mit dem exakten Wert a* wird durch ein **Zuverlässigkeitsintervall** beschrieben, in dem der exakte Wert a* liegt.

Die Randpunkte des Intervalls werden als **untere** bzw. **obere Schranke** bezeichnet.

Ist die Länge mit 50 m angegeben, so kann der tatsächliche Wert zwischen 49,5 m und 50,5 m liegen.

49,5 m ist die untere Schranke

50,5 m ist die obere Schranke

Es gibt mehrere Möglichkeiten, um das Zuverlässigkeitsintervall anzugeben.

z. B.: a = 50

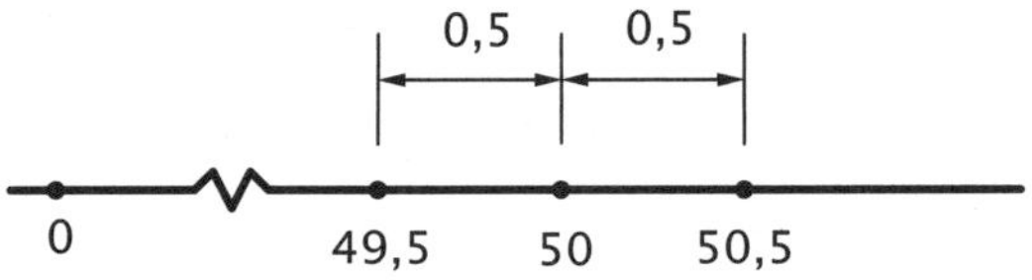

Exakter Wert ≥ 49,5 und ≤ 50,5

Länge des Zuverlässigkeitsintervalls: 2 · 0,5

0,5 … absolute Fehlerschranke

Angabe des Zuverlässigkeitsintervalls:

In Intervallschreibweise: $a^* \in [49{,}5;\ 50{,}5]$

Als Ungleichungskette: $49{,}5 \leq a^* \leq 50{,}5$

Mit Hilfe der maximalen Abweichung: $a^* = 50 \pm 0{,}5$ (Toleranzbereich)

Mit Hilfe des absoluten Fehlers (Betragsungleichung) $|a^* - 50| \leq 0{,}5$
d. h. der Abstand von a und a* ist kleiner oder gleich als 0,5.

Beachte:
In den Naturwissenschaften wird meist die absolute Fehlerschranke angeben: $a^* = a \pm 0{,}5$

Die **Länge des Zuverlässigkeitsintervalls** entspricht „wertmäßig" dem Stellenwert der kleinsten angegebenen Ziffer. Die absolute Fehlerschranke ist die Hälfte dieses Zahlenwerts.

z. B.:

a = 75 — kleinste Stelle: Einer-Stelle
Länge des Zuverlässigkeitsintervalls: 1
absolute Fehlerschranke: $\frac{1}{2} = 0{,}5$

$\Rightarrow a^* = 75 \pm 0{,}5$

a = 1,6 — kleinste Stelle: Zehntel-Stelle
Länge des Zuverlässigkeitsintervalls: 0,1
absolute Fehlerschranke: $\frac{0{,}1}{2} = 0{,}05$

$\Rightarrow a^* = 1{,}6 \pm 0{,}05$

a = 57,24 — kleinste Stelle: Hundertstel-Stelle
Länge des Zuverlässigkeitsintervalls: 0,01
absolute Fehlerschranke: $\frac{0{,}01}{2} = 0{,}005$

$\Rightarrow a^* = 57{,}24 \pm 0{,}005$

Man kann bei der Angabe des Zuverlässigkeitsintervalls an eine Dezimalzahl nicht beliebig Nullen anhängen, weil sich dadurch die absolute Fehlerschranke verändert.

z. B.: a = 45
$a^* = 45 \pm 0{,}5$

aber a = 45,0
$a^* = 45 \pm 0{,}05$

Gib das Zuverlässigkeitsintervall für die Länge, die Breite und den Flächeninhalt des Grundstücks mit der Länge 50 m und der Breite 25 m an!

Zuverlässigkeitsintervall für die Länge

$a = 50$
$a^* = 50 \pm 0{,}5$

Zuverlässigkeitsintervall für die Breite

$b = 25$
$b^* = 25 \pm 0{,}5$

	untere Schranke	angegebener Wert	obere Schranke
Länge	49,5 m	50 m	50,5 m
Breite	24,5 m	25 m	25,5 m
Flächeninhalt	1 212,75 m^2	1 250 m^2	1 287,75 m^2

Für das Zuverlässigkeitsintervall des Flächeninhalts gilt: [1212; 1288]

Wenn man den Flächeninhalt im Zuverlässigkeitsintervall auf Einer angibt, dann muss man beachten, dass beide errechneten Schranken in diesem Zuverlässigkeitsintervall liegen.

Das bedeutet: die nächst kleinere ganze Zahl zur unteren Schranke 1 212,75 ist 1 212, die nächst größere ganze Zahl zur oberen Schranke 1 287,75 ist 1 288.

Anmerkung:
Manchmal wird die Abweichung von vornherein angegeben:
100 mm lange Stahlstifte können z. B. eine Abweichung von bis zu 1 mm haben,
d. h. Länge 100 ± 1 mm

Zehnerpotenzen – Gleitkommadarstellung, Näherungswert

1 Wandle in die Gleitkommadarstellung um!

a) 4 367,23 **b)** 18 945,6 **c)** 300 467,9

d) 0,001 23 **e)** 0,087 5 **f)** 0,75

2 Wandle in die Festkommadarstellung um!

a) $3{,}7 \cdot 10^5$ **b)** $4{,}1 \cdot 10^8$ **c)** $4{,}0 \cdot 10^4$

d) $2{,}31 \cdot 10^{-1}$ **e)** $7{,}8 \cdot 10^{-9}$ **f)** $8{,}65 \cdot 10^{-5}$

3 Um wie viele Größenordnungen ist die Zahl $4{,}5 \cdot 10^3$ größer oder kleiner als
a) 0,5 bzw. **b)** 5 Millionen?

4 Drücke aus:

a) $1{,}4 \cdot 10^3$ dm in km m cm
b) $4{,}8 \cdot 10^{-2}$ km in m dm cm
c) $5{,}4 \cdot 10^{-5}$ t in kg dag g
d) $7{,}5 \cdot 10^4$ m in km cm mm

5 Drücke aus:

a) 5 cm^3 in m^3
b) 8 dm^3 in μm^3
c) 4 μm^3 in dm^3
d) 7 km^3 in m^3

6 Drücke mithilfe von Zehnerpotenzen aus:

a) 6 mm^2 in m^2
b) 4 ha in mm^2
c) 16 m^2 in km^2
d) 7 km^2 in cm^2

7 Ein am PC bearbeiteter und gedruckter Brief im DIN-A4-Format besteht aus Daten (Zeichen, Buchstaben) mit einem Datenvolumen von ca. 3 600 Bytes.

a) Wie viele solcher Briefe kann man ca. auf einer CD-ROM mit 800 MB speichern?

b) Wie viele solcher Briefe kann man auf einem USB-Stick mit 1 GB speichern?
(GB = Giga-Byte = 10^9 Bytes)

c) Früher waren Disketten mit einer Speicherkapazität von 1,44 MB üblich. Der Inhalt von wie vielen Disketten hat auf einem USB-Stick mit 2 GB Platz?

8 Um wie viel Mal ist die Entfernung Erde – Sirius (= $8 \cdot 10^{15}$ m) größer als die Entfernung Erde – Sonne (= 150 Millionen km)?

9 Eine Rakete fliegt mit einer Durchschnittsgeschwindigkeit von ca. 12 000 km/h.
Wie lange braucht sie um von der **a)** Erde zum Mond (Entfernung: $3{,}84 \cdot 10^5$ km),
b) Erde zum Fixstern Mathematica (Entfernung: $4{,}8 \cdot 10^7$ km) zu fliegen?
Gib im Ergebnis die Zeiten in sinnvollen (vorstellbaren) Einheiten an!

10
a) Die Masse der Erde beträgt ca. $6 \cdot 10^{21}$ Tonnen.
Gib diese in kg an!

b) Der Jupiter hat eine Masse von 1 900 000 Trillionen Tonnen.
Gib diese in kg an! (Trillion = 10^{18})

c) Wie viel mal „schwerer" ist der Jupiter?

11 Der Umfang der Erdbahn um die Sonne beträgt ca. $9{,}6 \cdot 10^8$ km. Wie lange würde für diese Strecke ein Rennauto brauchen, das mit einer Geschwindigkeit von 300 km/h fährt?

12 Ein Lichtjahr ist jene Strecke, die das Licht in einem Jahr zurücklegt.
Die Lichtgeschwindigkeit beträgt ungefähr $3 \cdot 10^5$ km/s. Gib 1 Lichtjahr in km an!

13 Gegeben ist die Entfernung zwischen zwei Himmelskörpern: Erde – Sonne $1{,}5 \cdot 10^8$ km und Neptun – Sonne 4 500 Mio. km.

a) Wie lange braucht das Licht, um von der Sonne zur Erde bzw. zum Neptun zu gelangen?
b) Um wie viel Mal länger braucht es zum weiter entfernten Planeten?
(Beachte: Die Lichtgeschwindigkeit beträgt ungefähr $3 \cdot 10^5$ km/s.)

14 Wie lange braucht ein Flugzeug, das mit ca. 800 km/h fliegt, wenn es nonstop in 10 km Höhe einmal um die Erde fliegt? (Erdradius $6{,}37 \cdot 10^3$ km)
Wie viele Stunden kürzer ist es unterwegs, wenn es nur in 9,5 km Höhe fliegt?
Wie viele Stunden braucht es länger, wenn es in einer konstanten Höhe von 11 km fliegt?

15 Gibt das Zuverlässigkeitsintervall an!

a) Schraube: Länge 100 mm
b) Flächeninhalt und Umfang eines Grundstücks mit der Größe 75 m x 96 m
c) Volumen eines Würfels mit der Seitenlänge 1 dm

Überprüfe dein Wissen!

☞ Gib (a) die Menge $\mathbb{N}$ (b) die Menge $\mathbb{N}^*$ im aufzählenden Verfahren an!

☞ Richtig oder falsch?
(a) Jede natürliche Zahl hat einen Nachfolger.
(b) Jede natürliche Zahl hat einen Vorgänger.
(c) Es gibt eine größte natürliche Zahl.
(d) Es gibt eine kleinste natürliche Zahl.

☞ Gib die Menge $\mathbb{Z}$ im aufzählenden Verfahren an!
Richtig oder falsch?
(a) Es gibt eine kleinste ganze Zahl.
(b) Es gibt keine größte ganze Zahl.
(c) Jede ganze Zahl hat einen Vorgänger.
(d) Jede ganze Zahl hat einen Nachfolger.
(e) Zwischen benachbarten ganzen Zahlen gibt es keine weiteren ganzen Zahlen.
(f) $\mathbb{N}$ ist eine Teilmenge von $\mathbb{Z}$.

☞ Schreibe die Menge $\mathbb{Q}$ an!

☞ Kann man $\mathbb{Q}$ im aufzählenden Verfahren angeben? Wenn ja, wie?

☞ Kann man jede Dezimalzahl als Bruch angeben?

☞ Was ist eine irrationale Zahl?

☞ Was bedeutet: Die Menge $\mathbb{Q}$ ist dicht?

- Welche Menge erhält man, wenn man zu den rationalen Zahlen die irrationalen Zahlen dazugibt?
- Ist $\mathbb{R}$ überall dicht?
- Setze ein
  (a) Jedem Punkt auf der Zahlengeraden kann man eine … (reelle/rationale/irrationale) Zahl zuordnen und umgekehrt.
  (b) Die Zahlengerade lässt sich mit den …. … (reellen/rationalen/irrationalen) Zahlen lückenlos füllen.
- Welche Rechenoperationen sind in
  (a) $\mathbb{N}$ (b) $\mathbb{Z}$ (c) $\mathbb{Q}$ (d) $\mathbb{R}$
  immer auszuführen.
- Welche Rechengesetze für Addition und Multiplikation gelten in $\mathbb{R}$?
- Was versteht man unter dem Betrag einer Zahl?
- Setze <, =, ≤ ein!
  (a) $|a| = a$, wenn a … 0
  (b) $|a| = 0$, wenn a … 0
  (c) $|a| = -a$, wenn a … 0
- Woraus besteht eine Potenz?
- Was heißt potenzieren?
- Wann kann man Potenzen addieren bzw. subtrahieren?
- Beschreibe als Satz und gib die Formel an!
  (a) Multiplikation von Potenzen mit derselben Basis
  (b) Potenzieren eines Produkts
  (c) Potenzieren einer Potenz
  (d) Dividieren von Potenzen mit derselbe Basis
  (e) Potenzieren eines Bruchs
- Gib den Wert für (a) x^1 (b) x^0 an!
- Was ist eine Zehnerpotenz?
- Erkläre die Begriffe Festkomma, Mantisse, Gleitkommadarstellung.
- Welche Möglichkeiten gibt es, ein Zuverlässigkeitsintervall anzugeben?

Wende dein Wissen an!

1 Kreuze an, in welcher Menge die Zahlen liegen?

	$\mathbb{N}$	$\mathbb{Z}$	$\mathbb{Q}$	$\mathbb{R}$
–5	☐	☐	☐	☐
2	☐	☐	☐	☐
$\frac{3}{4}$	☐	☐	☐	☐
$0,\dot{9}$	☐	☐	☐	☐
$\sqrt{2}$	☐	☐	☐	☐
0	☐	☐	☐	☐
$\sqrt{169}$	☐	☐	☐	☐

2 Richtig oder falsch?

(a) Jede reelle Zahl ist eine ganze Zahl.

(b) Eine reelle Zahl ist entweder eine rationale oder eine irrationale Zahl.

(c) Jede ganze Zahl ist eine natürliche Zahl.

(d) Jede periodische Dezimalzahl ist eine rationale Zahl.

(e) $\mathbb{Q} \in \mathbb{R}$

(f) $\mathbb{N} \cap \mathbb{Z} = \mathbb{N}$

(g) Jede Zahl, die sich als Bruch darstellen lässt, ist eine rationale Zahl.

3 Welches Rechengesetz wurde verwendet?

(a) $3 + x = x + 3$ (b) $a \cdot 1 = a$

(c) $y + 0 = y$ (d) $(2x + 3y) \cdot 2 = 4x + 6y$

(e) $3 \cdot \frac{1}{3} = 1$ (f) $a + (-a) = 0$

4 Ergänze folgende Merksätze und gib an, welche Formel dazugehört!

(a) Potenzen derselben Basis werden dividiert, indem man ______________________

(b) Eine Potenz wird potenziert, indem ______________________

(c) Potenzen derselben Basis werden multipliziert, indem man ______________________

(d) Ein Quotient wird potenziert, indem ______________________

(e) Ein Produkt wird potenziert, indem ______________________

(1) $a^r \cdot a^s = a^{r+s}$ (2) $\frac{a^r}{a^s} = a^{r-s}$ (3) $(a^r)^s = a^{r \cdot s}$

(4) $(a \cdot b)^n = a^n \cdot b^n$ (5) $(\frac{a}{b})^n = \frac{a^n}{b^n}$

5 Berechne, gib die Rechengesetze, die du verwendest, an!

(a) $2x^3 \cdot x^2 =$ (b) $(3x)^3 =$ (c) $(a^2b^3)^4 =$

(d) $2x^2y^3 \cdot x^2 =$ (e) $(\frac{3}{2})^4 =$ (f) $\frac{x^3}{x^2} =$

6 Berechne

$(-2)^5 =$ $3^2 =$ $-4^2 =$

7 Potenziert man eine negative Zahl, so ist das Ergebnis

☐ positiv ☐ negativ ☐ positiv oder negativ

8 Potenziert man eine positive Zahl, so ist das Ergebnis

☐ positiv ☐ negativ ☐ positiv oder negativ

9 Was gehört zusammen?

(a) $(a + b)^2$ (1) $a^2 - 2ab + b^2$

(b) $(a - b)^2$ (2) $a^2 + 2ab + b^2$

(c) $(b - a)^2$ (3) $(a - b) \cdot (a + b)$

(d) $(-a - b)^2$

(e) $a^2 - b^2$

10 Was gehört zusammen?

(a) $(x-y)^2$
(b) $(x+\frac{1}{2}y)^2$

(1) $x^2+\frac{1}{4}y^2$
(2) x^2-y^2
(3) x^2-xy+y^2
(4) $x^2+xy+\frac{1}{4}y^2$
(5) $x^2-2xy+y^2$

11 Ergänze die Hochzahl!

(a) $3\,972 = 3{,}972 \cdot 10^{\square}$
(b) $5{,}931 = 59{,}31 \cdot 10^{\square}$
(c) $8{,}732 = 0{,}08732 \cdot 10^{\square}$
(d) 3 Milliarden $= 3 \cdot 10^{\square}$
(e) 5 Milliarden $= 5 \cdot 10^{\square}$

12 Welche Zahlen sind gleich?

(a) 39 725
(b) 397 250
(c) 397,25
(d) 0,39725
(e) 0,0039725

(1) $3{,}9725 \cdot 10^5$
(2) $3{,}9725 \cdot 10^2$
(3) $3{,}9725 \cdot 10^{-1}$
(4) $3{,}9725 \cdot 10^{-3}$
(5) $3{,}9725 \cdot 10^4$

13 Ergänze die Einheit

$3\text{ m} = 3 \cdot 10^3$ ___
$3\text{ m} = 3 \cdot 10^{-6}$ ___

14 Gib das Zuverlässigkeitsintervall für

(a) das Volumen einer Kugel mit dem Durchmesser 20 mm
(b) die Masse dieser Kugel aus Eisen ($\varrho = 7{,}87\text{ kg/dm}^3$) an!

Zahlensysteme

Dekadisches Zahlensystem

Im dekadischen Zahlensystem werden 10 Ziffern (0, 1, 2, 3, 4, 5, 6, 7, 8, 9) verwendet. Jede Ziffer einer Zahl besitzt einen Ziffernwert und einen Stellenwert.

z. B.: 8 035 Die Ziffer 8 steht an der Tausenderstelle.
Die Ziffer 0 steht an der Hunderterstelle.
Die Ziffer 3 steht an der Zehnerstelle.
Die Ziffer 5 steht an der Einerstelle.

8 035 = 8T 0H 3Z 5E
$= 8 \cdot 1\,000 + 0 \cdot 100 + 3 \cdot 10 + 5 \cdot 1$

Die dekadischen Einheiten lassen sich auch mit Hilfe von 10er-Potenzen darstellen.

$8\,035 = 8 \cdot 10^3 + 0 \cdot 10^2 + 3 \cdot 10^1 + 5 \cdot 10^0$

Das dekadische Zahlensystem ist also ein Stellenwertsystem mit der Basis 10.

Nicht dekadisches Zahlensystem

Das Dualsystem (Binärsystem)

Legt man einer Zahl die Basis 2 zugrunde, so erhält man das Dualsystem (Binärsystem).
Es werden nur zwei Ziffern, nämlich 0 und 1, verwendet.
Auch das Dualsystem ist ein Stellenwertsystem.

Zweierpotenzen: $2^0, 2^1, 2^2, 2^3$, usw.

z. B.: $(101101)_2$: Beachte: Durch die Klammer und den Index 2 wird angedeutet, dass es sich um eine Dualzahl handelt.

Diese 6-stellige Zahl kann man mit Hilfe von 2er-Potenzen anschreiben und in eine Dekadische Zahl verwandeln. (Vergleiche das Anschreiben von dekadischen Zahlen mit der Basis 10)

$(101101)_2 = \underline{1} \cdot 2^5 + \underline{0} \cdot 2^4 + \underline{1} \cdot 2^3 + \underline{1} \cdot 2^2 + \underline{0} \cdot 2^1 + \underline{1} \cdot 2^0 =$

Ziffernwert Stellenwert

$(101101)_2 = 1 \cdot 32 + 1 \cdot 8 + 1 \cdot 4 + 1 \cdot 1 =$

$= 32 + 8 + 4 + 1 = 45$

Die Zahl 101101 zur Basis 2 entspricht der Zahl 45 im dekadischen Zahlensystem.

$(101101)_2 = (45)_{10}$

Das Hexadezimalsystem

Das Stellenwertsystem, das die Zahl 16 als Basis hat, wird Hexadezimalsystem genannt. Neben den Ziffern 0 bis 9 setzt man für die restlichen Ziffern die ersten 6 Buchstaben des Alphabets.

Ziffern im Hexadezimalsystem: 0, 1, 2, 3, 4, 5, 6, 7, 8, 9, A(=10), B(=11), C(=12), D(=13), E(=14), F(=15)

Man erhält wieder ein Stellenwertsystem mit der Basis 16.
16er-Potenzen: $16^0 = 1$, $16^1 = 16$, $16^2 = 256$, $16^3 = 4\,096$, …

Gib die im Hexadezimalsystem gegebene Zahl (3C9)16 im dekadischen Zahlensystem an!

$(3C9)_{16}$ Anschreiben der dreistelligen Hexadezimalzahl mit 16er-Potenzen

16^2 16^1 16^0

$(3C9)16 = 3 \cdot 16^2 + C \cdot 16^1 + 9 \cdot 16^0 =$

$= 3 \cdot 256 + 12 \cdot 16 + 9 \cdot 1 =$

$= 768 + 192 + 9 = 969$

Die Zahl 3C9 im Hexadezimalsystem entspricht der Zahl 969 im dekadischen Zahlensystem.

$(3C9)_{16} = (969)_{10}$

Gib (1) 614, (2) 243 im

(a) Dualsystem, (b) Hexadezimalsystem an!

(a) Basis des Dualsystems

$2^{11} = 2\,048$	$2^{10} = 1\,024$	$2^9 = 512$	$2^8 = 256$	$2^7 = 128$	$2^6 = 64$
$2^5 = 32$	$2^4 = 16$	$2^3 = 8$	$2^2 = 4$	$2^1 = 2$	$2^0 = 1$

(1) $614 = 1 \cdot 512 + 102$

$= 1 \cdot 512 + 1 \cdot 64 + 38$

$= 1 \cdot 512 + 1 \cdot 64 + 1 \cdot 32 + 6$

$= 1 \cdot 512 + 1 \cdot 64 + 1 \cdot 32 + 1 \cdot 4 + 2$

$= 1 \cdot 512 + 1 \cdot 64 + 1 \cdot 32 + 1 \cdot 4 + 1 \cdot 2$

$= 1 \cdot 2^9 + 1 \cdot 2^6 + 1 \cdot 2^5 + 1 \cdot 2^2 + 1 \cdot 2^1$ Auffüllen der fehlenden Stellen mit 0

$= 1 \cdot 2^9 + 0 \cdot 2^8 + 0 \cdot 2^7 + 1 \cdot 2^6 + 1 \cdot 2^5 + 0 \cdot 2^4 + 0 \cdot 2^3 + 1 \cdot 2^2 + 1 \cdot 2^1 + 0 \cdot 2^0$

$(614)_{10} = (1001100110)_2$

(2) $243 = 1 \cdot 128 + 115$

$= 1 \cdot 128 + 1 \cdot 64 + 51$

$= 1 \cdot 128 + 1 \cdot 64 + 1 \cdot 32 + 19$

$= 1 \cdot 128 + 1 \cdot 64 + 1 \cdot 32 + 1 \cdot 16 + 3$

$= 1 \cdot 128 + 1 \cdot 64 + 1 \cdot 32 + 1 \cdot 16 + 1 \cdot 2 + 1$

$= 1 \cdot 2^7 + 1 \cdot 2^6 + 1 \cdot 2^5 + 1 \cdot 2^4 + 1 \cdot 2^1 + 1 \cdot 2^0$ Auffüllen der fehlenden Stellen mit 0

$= 1 \cdot 2^7 + 1 \cdot 2^6 + 1 \cdot 2^5 + 1 \cdot 2^4 + 0 \cdot 2^3 + 0 \cdot 2^2 + 1 \cdot 2^1 + 1 \cdot 2^0$

$(243)_{10} = (11110011)_2$

(b) Basis des Hexadezimalsystems

$16^4 = 65\,536$	$16^3 = 4\,096$	$16^2 = 256$	$16^1 = 16$	$16^0 = 1$

(1) $614 = 2 \cdot 256 + 102$ $\quad 614 : 256 = 2 \quad 102 : 16 = 6$

$= 1 \cdot 256 + 6 \cdot 16 + 6$ $\quad 102 \quad 6$

$= 1 \cdot 16^2 + 6 \cdot 16^1 + 6 \cdot 16^0$

$(614)_{10} = (266)_{16}$

(2) $243 = 15 \cdot 16 + 3$ $\quad 243 : 16 = 15$

$= 15 \cdot 16^1 + 1 \cdot 16^0$ $\quad 83$

$(243)_{10} = (E3)_{16}$ $\quad 3$

Zahlensysteme

1 Gib die Zahlen in Dualsystem an!

a) 712 **b)** 516 **c)** 4 309

2 Gib die Zahlen im Hexadezimalsystem an!

a) 845 **b)** 4 257 **c)** 12 812

3 Gib als dekadische Zahl an!

a) $(10011)_2$ **b)** $(10001110)_2$ **c)** $(E6A)_{16}$ **d)** $(BCF9)_{16}$

Überprüfe dein Wissen!

☞ Welche Basis hat
(a) das dekadische Zahlensystem?
(b) das Dualsystem?
(c) das Hexadezimalsystem?

☞ Beschreibe, wie man eine dekadische Zahl ins Dualsystem verwandelt!

☞ Welche Ziffern gibt es im
(a) Dualsystem?
(b) Hexadezimalsystem?

☞ Wie verwandelt man eine Zahl aus dem Hexadezimalsystem ins dekadische Zahlensystem?

Wende dein Wissen an!

1 Welche Zahlen sind möglich? Begründe!

(a) $(101100)_2$ (b) $(10201)_2$ (c) $(100B)_2$
(d) $(B10201)_{16}$ (e) $(ABC0D)_{16}$ (f) $(AB01F)_{16}$

2 Welche Zahlen ergeben die dekadische Zahl 72?

(a) $(E1)_{16}$ (b) $(1001000)_2$ (c) $(48)_{16}$ (d) $(10010)_2$

3 Welche Zahlen sind gleich?

(a) $(110100101)_2$ (b) $(C8)_{16}$
(c) $(1100100)_2$ (d) $(1A5)_{16}$

Gleichungen mit einer Variablen

Begriffe

Eine **Variable** (Platzhalter) ist ein Zeichen (meist ein Buchstabe), das für jedes Element einer Grundmenge G steht.

Ein **Term** ist ein mathematisch sinnvoller Ausdruck, der aus Zahlen, Variablen bzw. Rechenzeichen besteht.

Arten	Beispiele
Zahlenterm	$5 + 3$
ganzrationaler Term	$3x + \frac{3}{4}$
Bruchterm (Variable im Nenner)	$\frac{1}{2x + 1}$

Besondere Namen	Beispiele
Monom	$3x^2$
Binom	$3a - 2b$
Polynom	$4x^2 + 3y - 5z^3$

$T(x) = 3x^2 + 2$ Lies: „Term von x“ oder „Term in (der Variablen) x“
$T(x, y) = 7x - 3y^2$ „Term von x, y“ Der Term enthält die Variable x und y.

In einem Term können neben der eigentlichen Variable (Unbekannten) auch Variable, die für eine feste Zahl stehen, vorkommen. Diese bezeichnet man als **Formvariable**.

$T(x) = \frac{3x - a}{4x + b}$ x … (unbekannte) Variable (Beachte: Term von x)
a, b … Formvariable (stehen für feste Zahlen)

Auch bei Formeln kommen Terme vor.
Umfang des Rechtecks: $u = 2 \cdot (a + b)$ u ist ein Term, der von den Variablen a und b abhängt.

Eine **Gleichung** entsteht, wenn zwei Terme durch ein Gleichheitszeichen verbunden werden:
$T_1(x) = T_2(x)$

Wird bei einer Gleichung die Variable mit Zahlen aus einer Grundmenge G belegt, so entsteht eine Aussage. Alle Elemente, die die Gleichung zu einer wahren Aussage machen, nennt man Lösung der Gleichung. Sie werden in der **Lösungsmenge L** zusammengefasst.

Äquivalente Gleichungen
Gleichungen heißen äquivalent, wenn sie bezüglich derselben Grundmenge dieselbe Lösungsmenge haben.

Äquivalenzumformungen
Umformungen, die eine Gleichung in eine äquivalente Gleichung überführen, heißen Äquivalenzumformungen. Diese werden zum Lösen einer Gleichung verwendet.
Eine Gleichung geht in eine äquivalente über, wenn man
- zu beiden Seiten **dieselbe Zahl** (denselben Wert) **addiert**.
- von beiden Seiten **dieselbe Zahl** (denselben Wert) **subtrahiert**.
- beide Seiten **mit derselben Zahl** ($\neq 0$) **multipliziert**.
- beide Seiten **durch dieselbe Zahl** ($\neq 0$) **dividiert**.

Lineare Gleichungen mit einer Variablen

Jede Gleichung, die sich durch Äquivalenzumformungen auf die Form $\mathbf{ax + b = 0}$ mit $a, b \in \mathbb{R}$ bringen lässt, heißt **lineare Gleichung in der Variablen x**.

Berechne über der Grundmenge $G = \mathbb{R}$ und führe eine Probe durch!

a) $3x + 5 = 2x - 2 \quad | -5$
$3x = 2x - 7 \quad | -2x$
$x = -7$
$L = \{-7\}$

Beim Lösen der Gleichung gibt man immer die Äquivalenzumformungen an. Ziel ist es, so umzuformen, dass die Variable allein auf einer Seite steht.

Probe: LS: $3 \cdot (-7) + 5 =$
$= -21 + 5 = -16$
RS: $2 \cdot (-7) - 2 =$
$= -14 - 2 = -16$
LS = RS w. A.

Bei der Probe berechne linke Seite (LS) und rechte Seite (RS) getrennt. Vergleiche die Ergebnisse! Erhältst du eine wahre Aussage (w. A.), kannst du annehmen, dass du richtig gerechnet hast.

b) $3x - 5 = 3x - 2 \quad | +5$
$3x = 3x + 3 \quad | -3x$
$0 = 3$ f. A.
$L = \{\,\}$

Beim Lösen der Gleichung fällt die Variable x weg, man erhält eine falsche Aussage (f. A.). Was man auch für x einsetzt, man erhält immer eine falsche Aussage. Keine reelle Zahl ist Lösung.

c) $3x - 5 = 3x - 5 \quad | -3x$
$-5 = -5$ oder
$0 = 0$ w. A.
$L = \mathbb{R}$

Beim Lösen der Gleichung fällt die Variable x weg, man erhält eine wahre Aussage (w. A.). Man kann für x jede reelle Zahl einsetzen und erhält immer eine wahre Aussage.

Beim Lösen einer linearen Gleichung ergeben sich **3 Lösungsfälle**:

a) genau eine Lösung **b)** keine Lösung L = { } **c)** jede Zahl von G ist Lösung L = G

Berechne über der Grundmenge $G = \mathbb{R}$ und führe eine Probe durch!

a)
$2(x - 3) = 3x - 5(x - 2) \quad |$ Klammern auflösen
$2x - 6 = 3x - 5x + 10 \quad |$ Zusammenfassen
$2x - 6 = -2x + 10 \quad | +6$
$2x = -2x + 16 \quad | +2x$
$4x = 16 \quad | :4$
$x = 4$
$L = \{4\}$

Probe:
LS: $2 \cdot (4 - 3) = 2 \cdot 1 = 2$
RS: $3 \cdot 4 - 5 \cdot (4 - 2) =$
$= 12 - 5 \cdot 2 =$
$= 12 - 10 = 2$
LS = RS w. A.

b)
$(x + 5)^2 + 4(x^2 - 1) = (2x + 1)(2x - 1) + x^2 + 12$
$x^2 + 10x + 25 + 4x^2 - 4 = 4x^2 - 1 + x^2 + 12$
$5x^2 + 10x + 21 = 5x^2 + 11 \quad | -5x^2$
$10x + 21 = 11 \quad | -21$
$10x = -10 \quad | :10$
$x = -1$
$L = \{-1\}$

Verwende beim Ausrechnen die entsprechenden binomischen Formeln. Beachte die Vorrangregeln.

Probe: LS: $(-1 + 5)^2 + 4 \cdot [(-1)^2 - 1] =$
$= 4^2 + 4 \cdot (1 - 1) =$
$= 16 + 4 \cdot 0 = 16$

RS: $[2 \cdot (-1) + 1] \cdot [2 \cdot (-1) - 1] + (-1)^2 + 12 =$
$= (-2 + 1) \cdot (-2-1) + 1 + 12 =$
$= (-1) \cdot (-3) + 13 =$
$= 3 + 13 = 16$

LS = RS w. A.

c)
$(9x + 5)^2 - 82 = (6x + 1) \cdot (12x + 3) + 9x^2$ Berechne und achte auf die Vorrangregel!
$81x^2 + 90x + 25 - 82 = 72x^2 + 12x + 18x + 3 + 9x^2$ Zusammenfassen
$81x^2 + 90x - 57 = 81x^2 + 30x + 3 \quad | -81x^2 - 30x + 57$
$60x = 60 \quad | :60$
$x = 1 \quad L = \{1\}$

Probe: LS: $(9 \cdot 1 + 5)^2 - 82 =$
$= 14^2 - 82 =$
$= 196 - 82 = 114$

RS: $(6 \cdot 1 + 1) \cdot (12 \cdot 1 + 3) + 9 \cdot 1^2 =$
$= (6 + 1) \cdot (12 + 3) + 9 \cdot 1 =$
$= 7 \cdot 15 + 9 =$
$= 105 + 9 = 114$

LS = RS w. A.

d)
$\frac{x-3}{2} + \frac{x}{4} = \frac{x-4}{6} + \frac{x-1}{3} \quad | \cdot 12$
$6 \cdot (x - 3) + 3 \cdot x = 2 \cdot (x - 4) + 4 \cdot (x - 1)$
$6x - 18 + 3x = 2x - 8 + 4x - 4$
$9x - 18 = 6x - 12 \quad | -6x$
$3x - 18 = -12 \quad | +18$
$3x = 6 \quad | :3$
$x = 2 \quad L = \{2\}$

Zunächst „Bruchfreimachen" der Gleichung, indem man mit dem kleinsten gemeinsamen Nenner kgN [= kgV (2, 4, 6, 3) = 12] multipliziert

Probe: LS: $\frac{2-3}{2} + \frac{2}{4} = \frac{-1}{2} + \frac{1}{2} = 0$ RS: $\frac{2-4}{6} + \frac{2-1}{3} = \frac{-2}{6} + \frac{1}{3} = \frac{-1}{3} + \frac{1}{3} = 0$ LS = RS w. A.

Beim Umformen von Formeln werden ebenfalls Äquivalenzumformungen angewandt.

Berechne aus der gegebenen Formel die gesuchten Größen!

a) $v = v_0 + at$ gesucht: a und v_0

$v = v_0 + at \quad | - v_0$

$v - v_0 = at \quad | : t$

$\frac{v - v_0}{t} = a \qquad a = \frac{v - v_0}{t}$

$v = v_0 + at \quad | - at$

$v - at = v_0$

$v_0 = v - at$

b) $\frac{1}{b} + \frac{1}{g} = \frac{1}{f}$ gesucht: b, g und f

$\frac{1}{b} + \frac{1}{g} = \frac{1}{f} \quad | \cdot b \cdot g \cdot f$

$g \cdot f + b \cdot f = b \cdot g$

$f \cdot (g + b) = b \cdot g \quad | : (g + b) \neq 0$

$f = \frac{b \cdot g}{g + b}$

Bruchfreimachen: kgN = $b \cdot g \cdot f$

Aus dieser Gleichung lassen sich nach dem Herausheben die gesuchten Größen errechnen.

$g \cdot f + b \cdot f = b \cdot g \quad | - g \cdot f$

$b \cdot f = b \cdot g - g \cdot f$

$b \cdot f = g \cdot (b - f) \quad | : (b - f) \neq 0$

$\frac{b \cdot f}{b - f} = g \qquad g = \frac{b \cdot f}{b - f}$

$g \cdot f + b \cdot f = b \cdot g \quad | - b \cdot f$

$g \cdot f = b \cdot g - b \cdot f$

$g \cdot f = b \cdot (g - f) \quad | : (g - f) \neq 0$

$\frac{g \cdot f}{g - f} = b \qquad b = \frac{g \cdot f}{g - f}$

Lineare Gleichungen mit einer Variablen

1 **Berechne über der Grundmenge G = ℝ und führe eine Probe durch!**

a) $(3x - 1)(3x + 3) = 3x(3x + 1)$ **b)** $(x - 1)^2 + (2x + 3)^2 = 5(x^2 + 6) + 60$

2 **Berechne über der Grundmenge G = ℝ und führe eine Probe durch!**

a) $(1 + 5x)^2 + (7 + 12x)^2 = (9 + 13x)^2 - 60x - 3$ **b)** $(x - 2)^3 - (x - 1)^2 \cdot (x + 2) + 6x^2 = 5(x + 4)$

3 **Berechne über der Grundmenge G = ℝ und führe eine Probe durch!**

a) $\frac{2}{x - 2} + \frac{4}{x - 4} = \frac{6}{x - 6}$ **b)** $\frac{1}{x + 2} - \frac{1}{x - 7} = \frac{1}{x + 3} - \frac{1}{x - 6}$ **c)** $\frac{5}{x - 1} - \frac{2x + 5}{x^2 - 1} = \frac{3x + 4}{x^2 - 2x + 1}$

4 **Berechne über der Grundmenge G = ℝ und führe eine Probe durch!**

a) $\frac{\frac{8x - 3}{7}}{\frac{3x + 1}{5}} = \frac{3}{2}$ **b)** $\frac{\frac{3x + 1}{4}}{4} = \frac{x + 2}{7}$

5 **Berechne über der Grundmenge G = ℝ und führe eine Probe durch!**

a) $\frac{2(x + 15)}{x + 3} - 2 = \frac{6(x + 3)}{x^2 - 9}$ **b)** $\frac{2}{1 + x} + \frac{x}{1 - x^2} = \frac{1 + x}{(1 - x)^2}$

6 **Berechne über der Grundmenge G = ℝ und führe eine Probe durch!**

a) $\frac{1}{x + 1} - \frac{2}{x + 4} + \frac{5}{x + 3} = \frac{4}{x + 2}$ **b)** $\frac{9}{x - 3} - \frac{4}{x - 1} = \frac{6}{x - 5} - \frac{1}{x - 7}$

7 **Berechne über der Grundmenge G = ℝ und führe eine Probe durch!**

a) $\dfrac{x + \frac{1}{2}}{x - \frac{9}{2}} = \dfrac{\frac{x}{3} + 1}{\frac{x}{3} - 1}$

b) $\dfrac{\frac{x}{5} + 1}{\frac{x}{5} - \frac{1}{2}} = \dfrac{x + \frac{5}{3}}{x - \frac{10}{3}}$

---

8 **Gib die Lösungsmenge in Abhängigkeit von der Formvariablen $a \in \mathbb{R}$ bzw. $a, b \in \mathbb{R}$ an!**

a) $(x + a)^2 = (x - b)^2$

b) $(x + a)^2 - 3(a^2 - b^2) = (x - b)^2$

c) $\dfrac{a - b}{x} + \dfrac{1}{a + b} = \dfrac{a + b}{x} + \dfrac{1}{a - b}$

d) $\dfrac{x}{x + a} = \dfrac{x}{x - a} - \dfrac{2a(x - a)}{(x + a)^2}$

---

9 **Berechne aus der gegebenen Formel die gesuchten Größen!**

a) Umfang eines Rechtecks $U = 2 \cdot (a + b)$ gesucht b

b) Ohm'sches Gesetz $R = \frac{U}{J}$ gesucht U, J

Quadratische Gleichungen mit einer Variablen

Eine Gleichung der Form $\mathbf{ax^2 + bx + c = 0}$ mit $a, b, c \in \mathbb{R}$ und a 0 heißt **quadratische Gleichung mit der Variablen x** (mit der Unbekannten x).
Der Ausdruck ax^2 heißt quadratisches Glied, bx heißt lineares Glied, c heißt konstantes Glied.

Diese Normalform der quadratischen Gleichung lässt sich durch Division durch a in die normierte Gleichung verwandeln.

$ax^2 + bx + c = 0 \quad | : a$

$x^2 + \frac{b}{a}x + \frac{c}{a} = 0$ Es ist üblich, für $\frac{b}{a} = p$ und für $\frac{c}{a} = q$ zu schreiben.

$x^2 + px + q = 0$ … **normierte Form der quadratischen Gleichung**

Lösen der quadratischen Gleichung

Löse die Gleichung $x^2 + 2x - 3 = 0$ über der Grundmenge G = R!

$x^2 + 2x - 3 = 0 \quad | +3$	Verwende zur Lösung die Methode des Ergänzens auf ein
$x^2 + 2x = 3$	vollständiges Quadrat mithilfe von $(a + b)^2 = a^2 + 2ab + b^2$.
	$x^2 + 2x$ ist ein Teil des vollständigen Quadrats $x^2 + 2x + 1$.
$x^2 + 2x = 3 \quad | +1$	Addiere auf beiden Seiten 1.
$x^2 + 2x + 1 = 3 + 1$	Du erhältst ein vollständiges Quadrat.
$(x + 1)^2 = 4$	Wurzelziehen unter Beachtung **beider** Vorzeichen
$x + 1 = \pm 2 \quad | -1$	Wenn du beide Möglichkeiten auswertest, erhältst du
$x = -1 \pm 2$	**zwei** Lösungen.
$(x = -1 - 2) \vee (x = -1 + 2)$	
$(x = -3) \vee (x = 1)$	Man schreibt auch: $x_1 = -3$, $x_2 = 1$ $L = \{-3, 1\}$

Um sich das manchmal nicht ganz einfache Ergänzen auf ein vollständiges Quadrat zu ersparen, leitet man eine Formel ab und löst damit die quadratische Gleichung.

$$x^2 + px + q = 0$$

Wende dasselbe Verfahren wie oben an!

$$x^2 + px = -q$$

$x^2 + px$ ist ein Teil des vollständigen Quadrats $x^2 + px + \left(\frac{p}{2}\right)^2$.

$$x^2 + px = -q \qquad | + \left(\frac{p}{2}\right)^2$$

$$x^2 + px + \left(\frac{p}{2}\right)^2 = -q + \left(\frac{p}{2}\right)^2$$

$$\left(x + \frac{p}{2}\right)^2 = \left(\frac{p}{2}\right)^2 - q$$

Wurzelziehen, beachte beide Möglichkeiten!

$$x + \frac{p}{2} = \pm\sqrt{\left(\frac{p}{2}\right)^2 - q}$$

$$x = -\frac{p}{2} \pm \sqrt{\left(\frac{p}{2}\right)^2 - q}$$

d. h. $x_1 = -\frac{p}{2} - \sqrt{\left(\frac{p}{2}\right)^2 - q}$, $x_2 = -\frac{p}{2} + \sqrt{\left(\frac{p}{2}\right)^2 - q}$

„Kleine Lösungsformel" für die quadratische Gleichung: $x^2 + px + q = 0 \rightarrow x_{1,2} = -\frac{p}{2} \pm \sqrt{\left(\frac{p}{2}\right)^2 - q}$

Anwendung der Formel auf das obige Beispiel:

$x^2 + 2x - 3 = 0 \qquad p = 2,\ q = -3 \rightarrow -\frac{p}{2} = -1$ und $\left(\frac{p}{2}\right)^2 = 1$

$$x = -1 \pm \sqrt{1 + 3}$$

$$x = -1 \pm \sqrt{4} = -1 \pm 2$$

$(x = -3) \vee (x = 1) \qquad L = \{-3, 1\}$

Kontrolle: z.B. für $x = -3$

$$(-3)^2 + 2 \cdot (-3) - 3 = 0$$

$$9 - 6 - 3 = 0 \quad \text{w. A.}$$

Der Ausdruck (die Zahl) unter der Wurzel innerhalb der Lösungsformel wird als **Diskriminante** der Gleichung $x^2 + px + q = 0$ bezeichnet.
Es gilt: $D = \left(\frac{p}{2}\right)^2 - q$

Aus der Lösungsformel kann man unmittelbar die möglichen Lösungsfälle ablesen!

Eine quadratische Gleichung der Form $x^2 + px + q = 0$ mit $p, q \in \mathbb{R}$ und der Diskriminante $D = \left(\frac{p}{2}\right)^2 - q$ hat

- genau **zwei reelle Zahlen als Lösung**, wenn **$D > 0$**.
- genau **eine reelle Zahl als Lösung** (Doppellösung), wenn **$D = 0$**.
- **keine reelle Zahl als Lösung**, wenn **$D < 0$**.

Löse für $G = \mathbb{R}$ die gegebenen Gleichungen:

a) $x^2 - 7x + 10 = 0 \qquad p = -7 \quad q = 10$

$$x = \frac{7}{2} \pm \sqrt{\left(\frac{7}{2}\right)^2 - 10}$$

$$x = \frac{7}{2} \pm \sqrt{\frac{49}{4} - \frac{40}{4}} = \frac{7}{2} \pm \sqrt{\frac{9}{4}}$$

$D > 0 \rightarrow$ zwei reelle Zahlen als Lösung

$$x = \frac{7}{2} \pm \frac{3}{2}$$

$x_1 = 2$

$x_2 = 5 \qquad L = \{2, 5\}$

b) $x^2 - 6x + 9 = 0 \qquad p = -6 \quad q = 9$

$$x = 3 \pm \sqrt{3^2 - 9}$$

$$x = 3 \pm \sqrt{9 - 9}$$

$D = 0 \rightarrow$ genau eine reelle Zahl als Lösung (Doppellösung)

$x = 3 \qquad L = \{3\}$

Um anzudeuten, dass eine Doppellösung vorliegt, schreibt man oft $x^{(2)} = 3$ bzw. $L = \{3^{(2)}\}$.

c) $x^2 + 4x + 5 = 0$ $\quad p = 4 \quad q = 5$

$x = -2 \pm \sqrt{2^2 - 5}$

$x = -2 \pm \sqrt{4 - 5} = -2 \pm \sqrt{-1}$ $\quad D < 0 \rightarrow$ keine reelle Zahl als Lösung

Löse für $G = \mathbb{R}$ die gegebenen Gleichungen:

a) $x^2 + 8x = 0$
$x \cdot (x + 8) = 0$
$(x = 0) \vee (x + 8 = 0)$
$(x = 0) \vee (x = -8) \quad L = \{-8, 0\}$

Man findet unmittelbar die Lösungen durch Herausheben. Anwenden des **„Produkt-Null-Satzes“**: Ein Produkt ist dann null, wenn mindestens ein Faktor null ist.

b) $x^2 - 16 = 0$
$x^2 = 16 \quad | \sqrt{\ }$
$x = \pm 4$
$x_1 = -4$
$x_2 = 4 \quad L = \{-4, 4\}$

Gleichungen dieser Art heißen **rein quadratisch** (es fehlt das lineare Glied). Sie lassen sich durch Wurzelziehen sofort lösen. Ist der Ausdruck unter der Wurzel positiv, ergeben sich zwei reelle Lösungen.

Löse für $G = \mathbb{R}$ die gegebene Gleichung und führe Kontrollen durch!

$(2x - 3)^2 - (x + 2)^2 = 2x^2 - 34$ $\quad$ Auflösen der Klammern
$4x^2 - 12x + 9 - (x^2 + 4x + 4) = 2x^2 - 34$
$4x^2 - 12x + 9 - x^2 - 4x - 4 = 2x^2 - 34$
$3x^2 - 16x + 5 = 2x^2 - 34 \quad | -2x^2 + 34$
$x^2 - 16x + 39 = 0$ $\quad$ Quadratische Gleichung mit $p = -16$, $q = 39$
$x_{1,2} = 8 \pm \sqrt{64 - 39} = 8 \pm \sqrt{25} = 8 \pm 5$
$x_1 = 3 \quad x_2 = 13 \quad L = \{3, 13\}$

Kontrollen:

$x_1 = 3$		$x_2 = 13$	
LS:	RS:	LS:	RS:
$(2 \cdot 3 - 3)^2 - (3 + 2)^2 =$	$2 \cdot 3^2 - 34 =$	$(2 \cdot 13 - 3)^2 - (13 + 2)^2 =$	$2 \cdot 13^2 - 34 =$
$= 3^2 - 5^2 =$	$= 18 - 34 =$	$= 23^2 - 15^2 =$	$= 338 - 34 =$
$= 9 - 25 = -16$	$= -16$	$= 529 - 225 = 304$	$= 304$
LS = RS w. A.		LS = RS w. A.	

Gleichungen der Art $3x^2 + 5x - 2 = 0$ oder $8x^2 + 2x - 3 = 0$ kann man mit der „Kleinen Lösungsformel“ lösen, wenn man durch den Koeffizienten des quadratischen Gliedes dividiert.
Es ist aber möglich, eine **allgemeine Formel** für die Normalform $ax^2 + bx + c = 0$ anzugeben.

$x = -\frac{p}{2} \pm \sqrt{\left(\frac{p}{2}\right)^2 - q}$ $\quad$ Ausgangspunkt ist die „Kleine Lösungsformel“.

$x = -\frac{b}{2a} \pm \sqrt{\frac{b^2}{4a^2} - \frac{c}{a}}$ $\quad$ Wir wissen, dass $\frac{b}{a} = p$ und $\frac{c}{a} = q$ gilt. Einsetzen in die Formel!

$x = -\frac{b}{2a} \pm \sqrt{\frac{b^2 - 4ac}{4a^2}}$ $\quad$ Unter der Wurzel auf gleichen Nenner bringen.

$x = -\frac{b}{2a} \pm \frac{\sqrt{b^2 - 4ac}}{2a}$ $\quad$ Partielles Wurzelziehen

$x = \frac{-b \pm \sqrt{b^2 - 4ac}}{2a}$ $\quad$ d. h. $x_1 = \frac{-b - \sqrt{b^2 - 4ac}}{2a}$, $x_2 = \frac{-b + \sqrt{b^2 - 4ac}}{2a}$

„Große Lösungsformel“ für die quadratische Gleichung: $ax^2 + bx + c = 0 \rightarrow x_{1,2} = \frac{-b \pm \sqrt{b^2 - 4ac}}{2a}$

Löse mithilfe der „Großen Lösungsformel" und führe Kontrollen durch!

$3x^2 + 5x - 2 = 0$ $\quad a = 3, b = 5, c = -2$

$x_{1,2} = \frac{-b \pm \sqrt{b^2 - 4ac}}{2a}$ $\quad$ Einsetzen in die „Große Lösungsformel"

$x_{1,2} = \frac{-5 \pm \sqrt{5^2 - 4 \cdot 3 \cdot (-2)}}{2 \cdot 3} = \frac{-5 \pm \sqrt{25 + 24}}{6} = \frac{-5 \pm \sqrt{49}}{6} = \frac{-5 \pm 7}{6}$

$x_1 = -2 \quad x_2 = \frac{2}{6} = \frac{1}{3}$ $\quad L = \left\{-2, \frac{1}{3}\right\}$

Kontrollen:

$x_1 = -2$

LS: RS: 0

$3 \cdot (-2)^2 + 5 \cdot (-2) - 2 =$

$= 3 \cdot 4 - 10 - 2 =$

$= 12 - 10 - 2 = 0$

LS = RS w. A.

$x_2 = \frac{1}{3}$

LS: RS: 0

$3 \cdot \left(\frac{1}{3}\right)^2 + 5 \cdot \frac{1}{3} - 2 =$

$= 3 \cdot \frac{1}{9} + \frac{5}{3} - 2 =$

$= \frac{1}{3} + \frac{5}{3} - 2 = 0$

LS = RS w. A.

Löse für G = ℝ die gegebene Gleichung und führe Kontrollen durch!

$(5x + 2) \cdot (5x - 2) - (3x + 1)^2 = (x + 2)^2 - 4$

$25x^2 - 4 - 9x^2 - 6x - 1 = x^2 + 4x + 4 - 4$

$16x^2 - 6x - 5 = x^2 + 4x$

$15x^2 - 10x - 5 = 0$

$3x^2 - 2x - 1 = 0$ $\quad a = 3, b = -2, c = -1$

$x_{1,2} = \frac{2 \pm \sqrt{2^2 - 4 \cdot 3 \cdot (-1)}}{2 \cdot 3} = \frac{2 \pm \sqrt{4 + 12}}{6} = \frac{2 \pm \sqrt{16}}{6} = \frac{2 \pm 4}{6}$

$x_1 = -\frac{1}{3} \quad x_2 = 1 \quad L = \left\{-\frac{1}{3}, 1\right\}$

Kontrollen:

$x_1 = -\frac{1}{3}$

LS:

$\left[5 \cdot \left(-\frac{1}{3}\right) + 2\right] \cdot \left[5 \cdot \left(-\frac{1}{3}\right) - 2\right] - \left[3 \cdot \left(-\frac{1}{3}\right) + 1\right]^2 =$

$= \left[-\frac{5}{3} + 2\right] \cdot \left[-\frac{5}{3} - 2\right] - \left[-\frac{3}{3} + 1\right]^2 =$

$= \frac{1}{3} \cdot \left(-\frac{11}{3}\right) - 0 = -\frac{11}{3}$

RS:

$\left[\left(-\frac{1}{3}\right) + 2\right]^2 - 4 =$

$= \left(\frac{5}{3}\right)^2 - 4 =$

$= \frac{25}{9} - \frac{36}{9} = -\frac{11}{9}$

LS = RS w. A.

$x_2 = 1$

LS:

$(5 + 2) \cdot (5 - 2) - (3 + 1)^2 =$

$= 7 \cdot 3 - 4^2 =$

$= 21 - 16 = 5$

RS:

$(1 + 2)^2 - 4 =$

$= 3^2 - 4 =$

$= 9 - 4 = 5$

LS = RS w. A.

Die Sätze von Vieta

Bezüglich der Lösungen x_1 und x_2 der quadratischen Gleichung $x^2 + px + q = 0$ gelten folgende Zusammenhänge:

$x_1 = -\frac{p}{2} - \sqrt{\left(\frac{p}{2}\right)^2 - q}, \; x_2 = -\frac{p}{2} + \sqrt{\left(\frac{p}{2}\right)^2 - q}$ bzw. $x_1 = -\frac{p}{2} - \sqrt{D}, \; x_2 = -\frac{p}{2} + \sqrt{D}$ mit $D = \left(\frac{p}{2}\right)^2 - q$

1) $x_1 + x_2 = -\frac{p}{2} - \sqrt{D} + \left(-\frac{p}{2} + \sqrt{D}\right)$

$x_1 + x_2 = -\frac{p}{2} - \frac{p}{2} = -p$ $\quad$ 1. Satz von Vieta: $\mathbf{x_1 + x_2 = -p}$

2)	$x_1 \cdot x_2 = \left(-\frac{p}{2} - \sqrt{D}\right) \cdot \left(-\frac{p}{2} + \sqrt{D}\right)$	Formel: $(a - b) \cdot (a + b) = a^2 - b^2$
	$x_1 \cdot x_2 = \left(-\frac{p}{2}\right)^2 - (\sqrt{D})^2$	$(\sqrt{D})^2 = D$
	$x_1 \cdot x_2 = \frac{p^2}{4} - \left[\left(\frac{p}{2}\right)^2 - q\right]$	
	$x_1 \cdot x_2 = \frac{p^2}{4} - \frac{p^2}{4} + q = q$	2. Satz von Vieta: $\mathbf{x_1 \cdot x_2 = q}$
3)	$(x - x_1) \cdot (x - x_2) =$	
	$= x^2 - x_1 \cdot x - x_2 \cdot x + x_1 \cdot x_2 =$	
	$= x^2 - x \cdot (x_1 + x_2) + x_1 \cdot x_2 =$	Anwenden des 1. und 2. Satzes von Vieta
	$= x^2 - x \cdot (-p) + q =$	
	$= x^2 + px + q$	3. Satz von Vieta: $\mathbf{(x - x_1) \cdot (x - x_2) = x^2 + px + q}$

Auch für die Normalform $ax^2 + bx + c = 0$ lassen sich die Sätze von Vieta angeben:

Setze für $p = \frac{b}{a}$ und für $q = \frac{c}{a}$.

1. Satz von Vieta: $x_1 + x_2 = -\frac{b}{a}$

2. Satz von Vieta: $x_1 \cdot x_2 = \frac{c}{a}$

3. Satz von Vieta: $(x - x_1) \cdot (x - x_2) = x^2 + \frac{b}{a}x + \frac{c}{a}$

bzw. $a \cdot (x - x_1) \cdot (x - x_2) = ax^2 + bx + c$

Durch den 3. Satz von Vieta lässt sich ein quadratischer Term in ein **Produkt von Linearfaktoren** verwandeln.

Gegeben sind die Lösungen einer quadratischen Gleichung $x_1 = -2$ und $x_2 = 5$.
Gib die zugehörige Gleichung an!

Anwendung des 1. und 2. Satzes von Vieta:		Anwendung des 3. Satzes:
$x_1 + x_2 = -p$	$x_1 \cdot x_2 = q$	$(x - x_1) \cdot (x - x_2) = x^2 + px + q$
$-2 + 5 = -p$	$-2 \cdot 5 = q$	$[x - (-2)] \cdot [x - 5] = (x + 2) \cdot (x - 5) =$
$3 = -p$	$-10 = q$	$= x^2 + 2x - 5x - 10 =$
$p = -3$	$q = -10$	$= x^2 - 3x - 10$
gesuchte Gleichung: $x^2 - 3x - 10 = 0$		gesuchte Gleichung: $x^2 - 3x - 10 = 0$

Gegeben sind die Lösungen einer quadratischen Gleichung $x_1 = \frac{2}{3}$ und $x_2 = -\frac{1}{4}$.
Gib die zugehörige Gleichung an!

Anwendung des 1. und 2. Satzes von Vieta:		Anwendung des 3. Satzes:
$x_1 + x_2 = -p$	$x_1 \cdot x_2 = q$	$(x - x_1) \cdot (x - x_2) = x^2 + px + q$
$\frac{2}{3} + \left(-\frac{1}{4}\right) = -p$	$\frac{2}{3} \cdot \left(-\frac{1}{4}\right) = q$	$\left[x - \frac{2}{3}\right] \cdot \left[x - \left(-\frac{1}{4}\right)\right] = \left(x - \frac{2}{3}\right) \cdot \left(x + \frac{1}{4}\right) =$
$\frac{8}{12} - \frac{3}{12} = -p$	$-\frac{1}{6} = q$	$= x^2 - \frac{2}{3}x + \frac{1}{4}x - \frac{1}{6} =$
$\frac{5}{12} = -p$	$q = -\frac{1}{6}$	$= x^2 - \frac{5}{12}x - \frac{1}{6}$
$p = -\frac{5}{12}$		
gesuchte Gleichung: $x^2 - \frac{5}{12}x - \frac{1}{6} = 0$		gesuchte Gleichung: $x^2 - \frac{5}{12}x - \frac{1}{6} = 0$
bzw. $12x^2 - 5x - 2 = 0$		bzw. $12x^2 - 5x - 2 = 0$

Zerlege den Term in ein Produkt von Linearfaktoren!

a) $T(x) = x^2 + x - 6$ Löse die zugehörige quadratische Gleichung.

$x^2 + x - 6 = 0$ „Kleine Lösungsformel"

$x_{1,2} = -\frac{1}{2} \pm \sqrt{\left(\frac{1}{2}\right)^2 + 6} = -\frac{1}{2} \pm \sqrt{\frac{1}{4} + 6} = -\frac{1}{2} \pm \sqrt{\frac{1+24}{4}} = -\frac{1}{2} \pm \sqrt{\frac{25}{4}} = -\frac{1}{2} \pm \frac{5}{2}$

$x_1 = -3 \qquad x_2 = 2$

Anwendung des 3. Satzes von Vieta: $x^2 + px + q = (x - x_1) \cdot (x - x_2)$ mit $x_1 = -3 \quad x_2 = 2$

$x^2 + x - 6 = [x - (-3)] \cdot (x - 2)$

$x^2 + x - 6 = (x + 3) \cdot (x - 2)$

b) $T(x) = 15x^2 + x - 2$ Löse die zugehörige quadratische Gleichung (Normalform).

$15x^2 + x - 2 = 0$ „Große Lösungsformel"

$x_{1,2} = \frac{-1 \pm \sqrt{1^2 - 4 \cdot 15 \cdot (-2)}}{30} = \frac{-1 \pm \sqrt{1 + 120}}{30} = \frac{-1 \pm \sqrt{121}}{30} = \frac{-1 \pm 11}{30}$

$x_1 = -\frac{12}{30} = -\frac{2}{5} \qquad x_2 = \frac{10}{30} = \frac{1}{3}$

Anwendung des 3. Satzes von Vieta:

$ax^2 + bx + c = a \cdot (x - x_1) \cdot (x - x_2)$ mit $x_1 = -\frac{2}{5}$, $x_2 = \frac{1}{3}$, $a = 15$

$15x^2 + x - 2 = 15 \cdot \left[x - \left(-\frac{2}{5}\right)\right] \cdot \left(x - \frac{1}{3}\right)$

$15x^2 + x - 2 = 15 \cdot \left(x + \frac{2}{5}\right) \cdot \left(x - \frac{1}{3}\right)$

$15x^2 + x - 2 = 5 \cdot \left(x + \frac{2}{5}\right) \cdot 3 \cdot \left(x - \frac{1}{3}\right)$

$15x^2 + x - 2 = (5x + 2) \cdot (3x - 1)$

Gleichungen mit Bruchtermen

Löse die gegebene Gleichung und führe die Probe durch! Welche Werte darf die Unbekannte nicht annehmen?

$\frac{x-1}{x-6} = \frac{4}{x^2-36} + \frac{x-3}{x+6}$ Um die Gleichung „bruchfrei" zu machen, muss man mit dem Hauptnenner (= kleinster gemeinsamer Nenner) multiplizieren.

Bestimmung des HN und der Erweiterungsfaktoren EF:

Nenner	EF
$x - 6$	$x + 6$
$x^2 - 36 = (x-6)(x+6)$	1
$x + 6$	$x - 6$
HN: $(x-6)(x+6)$	

Der HN muss $\neq 0$ sein, denn man darf zur Vereinfachung der Gleichung beide Seiten nur mit Zahlen $\neq 0$ multiplizieren! Damit keiner der Nenner Null wird, muss jeder Faktor im gemeinsamen Nenner $\neq 0$ sein!

HN: $(x-6)(x+6) \neq 0 \rightarrow x - 6 \neq 0$ und $x + 6 \neq 0$

$x \neq 6 \qquad x \neq -6$

$D = \mathbb{R} \setminus \{-6, 6\}$ Man fasst alle Zahlen, die als Lösung möglich sind, in der Definitionsmenge D zusammen.

$\frac{x-1}{x-6} = \frac{4}{x^2-36} + \frac{x-3}{x+6} \quad | \cdot (x-6)(x+6)$ „Bruchfreimachen"

$(x-1) \cdot (x+6) = 4 \cdot 1 + (x-3) \cdot (x-6)$

$x^2 - x + 6x - 6 = 4 + x^2 - 3x - 6x + 18$

$x^2 + 5x - 6 = x^2 - 9x + 22 \quad | -x^2$

$5x - 6 = -9x + 22 \quad | +9x + 6$

$14x = 28 \quad | : 14$

$x = 2 \quad 2 \in D \rightarrow L = \{2\}$

Probe:

LS: $\frac{2-1}{2-6} = \frac{1}{-4} = -\frac{1}{4}$ RS: $\frac{4}{2^2-36} + \frac{2-3}{2+6} = \frac{4}{4-36} + \frac{-1}{8} = \frac{4}{-32} - \frac{1}{8} = -\frac{1}{8} - \frac{1}{8} = -\frac{2}{8} = -\frac{1}{4}$ LS = RS w. A.

Löse über der Grundmenge G = ℝ, gib die Definitionsmenge an und führe eine Kontrolle durch!

$\frac{2x-6}{x^2-1} = \frac{3x+1}{x+1} - \frac{x+2}{x-1}$

Nenner	EF
$x^2 - 1 = (x-1)(x+1)$	1
$x+1$	$x-1$
$x-1$	$x+1$
HN: $(x+1) \cdot (x-1)$	

Du kannst die Erweiterungsfaktoren so bestimmen: Decke im HN jene Faktoren zu, die im Nenner des zu erweiternden Bruchs stehen, die restlichen Faktoren sind die Erweiterungsfaktoren.

$x + 1 \neq 0$ und $x - 1 \neq 0 \rightarrow x \neq -1$ und $x \neq 1$

$D = \mathbb{R} \setminus \{-1, 1\}$

$\frac{2x-6}{x^2-1} = \frac{3x+1}{x+1} - \frac{x+2}{x-1} \quad | \cdot \text{HN}$

$(2x-6) \cdot 1 = (3x+1) \cdot (x-1) - (x+2) \cdot (x+1)$

$2x - 6 = 3x^2 + x - 3x - 1 - (x^2 + 2x + x + 2)$

$2x - 6 = 3x^2 + x - 3x - 1 - x^2 - 2x - x - 2$

$2x - 6 = 2x^2 - 5x - 3$

$2x^2 - 7x + 3 = 0$

$x = \frac{7 \pm \sqrt{49 - 4 \cdot 2 \cdot 3)}}{2 \cdot 2} = \frac{7 \pm \sqrt{49 - 24}}{4} = \frac{7 \pm \sqrt{25}}{4} = \frac{7 \pm 5}{4}$ Einsetzen in die „Große Lösungsformel"

$x_1 = \frac{2}{4} = \frac{1}{2} \quad x_2 = \frac{12}{4} = 3 \quad L = \left\{\frac{1}{2}, 3\right\}$

Kontrolle mit der ganzzahligen Lösung:

LS: $\frac{2 \cdot 3 - 6}{3^2 - 1} = \frac{0}{9-1} = 0$ RS: $\frac{3 \cdot 3 + 1}{3+1} - \frac{3+2}{3-1} = \frac{9+1}{5} - \frac{5}{2} = \frac{10}{4} - \frac{5}{2} = 0$ LS = RS w. A.

Löse über der Grundmenge G = ℝ und gib die Definitionsmenge an!

$\frac{7x+12}{x^2-4} - \frac{4}{x-2} = \frac{3}{x+2}$

Nenner	EF
$x^2 - 4 = (x-2)(x+2)$	1
$x-2$	$x+2$
$x+2$	$x-2$
HN: $(x+2) \cdot (x-2)$	

$x + 2 \neq 0$ und $x - 2 \neq 0$

$x \neq -2 \qquad x \neq 2$

$D = \mathbb{R} \setminus \{-2, 2\}$

$\frac{7x+12}{x^2-4} - \frac{4}{x-2} = \frac{3}{x+2} \quad | \cdot (x+2) \cdot (x-2)$

$7x + 12 - 4 \cdot (x+2) = 3 \cdot (x-2)$

$7x + 12 - 4x - 8 = 3x - 6$

$3x + 4 = 3x - 6 \quad | -3x$

$4 = -6$ f. A. $L = \{\}$

Da es keine Zahl als Lösung gibt, kann man auch keine Kontrolle durchführen.

Löse für G = ℝ die gegebene Gleichung und führe Kontrollen durch!

$$\frac{2x-4}{(x+3)^2} = \frac{2x+1}{x^2-9} - \frac{1}{x-3}$$

Nenner	EF
$(x+3)^2$	$x-3$
$x^2-9=(x-3)(x+3)$	$x+3$
$x-3$	$(x+3)^2$
HN: $(x-3)(x+3)^2$	

Beachte: Der HN muss $\neq 0$ sein!

HN: $(x-3)(x+3)^2 \neq 0 \rightarrow x-3 \neq 0$ und $x+3 \neq 0$

$x \neq 3 \qquad x \neq -3$

$D = \mathbb{R} \setminus \{-3, 3\}$

$$\frac{2x-4}{(x+3)^2} = \frac{2x+1}{x^2-9} - \frac{1}{x-3} \quad | \cdot (x-3)(x+3)^2$$ „Bruchfreimachen"

$$(2x-4)\cdot(x-3) = (2x+1)\cdot(x+3) - 1\cdot(x+3)^2$$

$$2x^2-4x-6x+12 = 2x^2+x+6x+3-(x^2+6x+9)$$

$$2x^2-10x+12 = 2x^2+7x+3-x^2-6x-9$$

$$2x^2-10x+12 = x^2+x-6 \quad | -x^2-x+6$$

$$x^2-11x+18 = 0$$

$$x_{1,2} = \frac{11}{2} \pm \sqrt{\left(\frac{11}{2}\right)^2 - 18} = \frac{11}{2} \pm \sqrt{\frac{121}{4} - \frac{72}{4}} = \frac{11}{2} \pm \sqrt{\frac{49}{4}} = \frac{11}{2} \pm \frac{7}{2}$$

$$x_1 = \frac{4}{2} = 2 \quad x_2 = \frac{18}{2} = 9 \quad L = \{2, 9\}$$

Kontrollen:

$x_1 = 2$

LS: $\frac{2\cdot2-4}{(2+3)^2} = \frac{4-4}{5^2} = 0$ RS: $\frac{2\cdot2+1}{2^2-9} - \frac{1}{2-3} = \frac{5}{-5} - \frac{1}{-1} = -1+1 = 0$

LS = RS w. A.

$x_2 = 9$

LS: $\frac{2\cdot9-4}{(9+3)^2} = \frac{18-4}{12^2} = \frac{14}{144} = \frac{7}{72}$ RS: $\frac{2\cdot9+1}{9^2-9} - \frac{1}{9-3} = \frac{18+1}{81-9} - \frac{1}{6} = \frac{19}{72} - \frac{12}{72} = \frac{7}{72}$

LS = RS w. A.

Gleichungen mit Formvariablen

Gib die Lösungsmenge in Abhängigkeit von der Formvariablen $t \in \mathbb{R}$ an!

$2x\cdot(x-2t) = t\cdot(x+3t)$ Ausrechnen

$2x^2-4tx = tx+3t^2$ Es ergibt sich eine quadratische Gleichung.

$2x^2-4tx-tx-3t^2 = 0$ Umformen auf die Normalform $ax^2+bx+c=0$

$2x^2-5t\cdot x-3t^2 = 0$ $a=2,\ b=-5t,\ c=-3t^2$

$$x_{1,2} = \frac{5t \pm \sqrt{(5t)^2-4\cdot2\cdot(-3t^2)}}{4}$$ „Große Lösungsformel"

$$x_{1,2} = \frac{5t \pm \sqrt{25t^2+24t^2}}{4} = \frac{5t \pm \sqrt{49t^2}}{4} = \frac{5t \pm 7t}{4}$$

$$x_1 = -\frac{2t}{4} = -\frac{t}{2} \quad x_2 = \frac{12t}{4} = 3t \quad L = \left\{-\frac{t}{2}, 3t\right\} \text{ mit } t \in \mathbb{R}$$

Kontrollen:

$x_1 = -\frac{t}{2}$

LS: $2\cdot\left(-\frac{t}{2}\right)\cdot\left(-\frac{t}{2}-2t\right) = -t\cdot\left(-\frac{5t}{2}\right) = \frac{5t^2}{2}$ RS: $t\cdot\left(-\frac{t}{2}+3t\right) = t\cdot\left(+\frac{5t}{2}\right) = \frac{5t^2}{2}$

LS = RS w. A.

$x_2 = 3t$

LS: $2\cdot3t\cdot(3t-2t) = 6t\cdot t = 6t^2$ RS: $t\cdot(3t+3t) = t\cdot6t = 6t^2$

LS = RS w. A.

Gib die Lösungsmenge in Abhängigkeit von der Formvariablen $b \in \mathbb{R}$ an!

$$\frac{x}{b-x} = \frac{2b}{b^2-1} - \frac{x}{b+x}$$

Bestimmung des HN und der Erweiterungsfaktoren EF:

Nenner	EF
$b-x$	$(b+x)(b^2-1)$
b^2-1	$(b-x)(b+x)$
$b+x$	$(b-x)(b^2-1)$
HN: $(b-x)(b+x)(b^2-1)$	

HN: $(b-x)(b+x)(b^2-1) \neq 0$

$\rightarrow b-x \neq 0$ und $b+x \neq 0$ und $b^2-1 \neq 0$

$x \neq b$ $\quad x \neq -b$ $\quad b^2 \neq 1$

$b \neq \pm 1$

Definitionsmenge $D = \mathbb{R} \setminus \{-b, b\}$ mit $b \in \mathbb{R}$ und $b \neq \pm 1$

D enthält die Elemente, die für die (unbekannte) Variable x eingesetzt werden dürfen!

$$\frac{x}{b-x} = \frac{2b}{b^2-1} - \frac{x}{b+x} \qquad | \cdot \text{HN} \qquad \text{„Bruchfreimachen"}$$

$$x \cdot (b+x)(b^2-1) = 2b \cdot (b-x)(b+x) - x \cdot (b-x)(b^2-1)$$

$$(bx+x^2)(b^2-1) = 2b \cdot (b^2-x^2) - (bx-x^2)(b^2-1)$$

$$b^3x + b^2x^2 - bx - x^2 = 2b^3 - 2bx^2 - (b^3x - b^2x^2 - bx + x^2)$$

$$b^3x + b^2x^2 - bx - x^2 = 2b^3 - 2bx^2 - b^3x + b^2x^2 + bx - x^2 \qquad | -b^2x^2 + x^2$$

$$b^3x - bx = 2b^3 - 2bx^2 - b^3x + bx \qquad | -2b^3 + 2bx^2 + b^3x - bx$$

$$2bx^2 + 2b^3x - 2bx - 2b^3 = 0$$

$$2b \cdot (x^2 + b^2x - x - b^2) = 0$$

$$2b \vee x^2 + (b^2-1) \cdot x - b^2 = 0 \qquad \text{„Kleine Lösungsformel"}$$

$$x_{1,2} = \frac{-(b^2-1) \pm \sqrt{(b^2-1^2) - 4 \cdot (-b)^2}}{2}$$

$$x_{1,2} = \frac{-(b^2+1) \pm \sqrt{(b^4-2b^2)+1+4b^2}}{2} = \frac{-(b^2-1) \pm \sqrt{(b^4+2b^2+1}}{2} = \frac{-(b^2-1) \pm \sqrt{(b^2+1)^2}}{2} = \frac{-(b^2-1) \pm (b^2+1)}{2}$$

$$x_1 = \frac{-(b^2-1)-(b^2+1)}{2} = \frac{-b^2+1-b^2-1}{2} = \frac{-2b^2}{2} = -b^2 \qquad x_2 = \frac{-(b^2-1)+(b^2+1)}{2} = \frac{-b^2+1+b^2+1}{2} = \frac{2}{2} = 1$$

$L = \{1, -b^2\}$ mit $b \in \mathbb{R}$, $b \neq 0$ und $b \neq \pm 1$

Sonderfall: $b = 0$: $\frac{x}{0-x} = \frac{0}{0-1} - \frac{x}{0+x}$

Zusammenfassung: $-1 = 0 - 1$ w.A. $\rightarrow L = \mathbb{R} \setminus \{0\}$

$b = \pm 1 \rightarrow L = \{\}$

$b = 0 \wedge b \neq \pm 1 \rightarrow L = \mathbb{R} \setminus \{0\}$

$b \neq 0 \wedge b \neq \pm 1 \rightarrow L = \{1; -b^2\}$

Bei diesen Beispielen ist die **Diskriminante immer positiv**, egal welchen Wert die Formvariable annimmt. Man kann daher die Wurzel ziehen und es ergeben sich **zwei reelle Lösungen**!

Gib die Lösungsmenge in Abhängigkeit von der Formvariablen $a \in \mathbb{R}$ und für $a = 1$, $a = 2$, $a = 5$, $a = 10$, $a = 26$ die zugehörige Lösungsmenge an!

$x^2 - 4ax + (4a^2 - a + 1) = 0$ „Kleine Lösungsformel" mit $p = -4a$ und $q = (4a^2 - a + 1)$

$$x_{1,2} = 2a \pm \sqrt{(2a)^2 - (4a^2 - a + 1)}$$

$$x_{1,2} = 2a \pm \sqrt{4a^2 - 4a^2 + a - 1}$$

$$x_{1,2} = 2a \pm \sqrt{a-1}$$

Da nur dann die Wurzel gezogen werden kann, wenn der Ausdruck (a – 1) nicht negativ ist, muss man Fallunterscheidungen durchführen:

$a - 1 > 0$

$a > 1$ $x_1 = 2a - \sqrt{a-1}$, $x_2 = 2a + \sqrt{a-1} \rightarrow L = \{2a - \sqrt{a-1}, 2a + \sqrt{a-1}\}$

$a - 1 = 0$

$a = 1$ $x_{1,2} = 2$ Doppellösung $\rightarrow L = \{2\}$

$a - 1 < 0$ keine Lösung, da die Diskriminante $D < 0$ ist und man in $\mathbb{R}$ keine Wurzel

$a < 1$ aus einer negativen Zahl ziehen kann $\rightarrow L = \{\,\}$

Für $a = 1$ gilt: $x_{1,2} = 2 \cdot 1 = 2$ Doppellösung (siehe oben)

$a = 2$: $x_1 = 2 \cdot 2 - \sqrt{2-1}$, $x_2 = 2 \cdot 2 + \sqrt{2-1}$

$x_1 = 4 - \sqrt{1}$, $x_2 = 4 + \sqrt{1}$ $L = \{3, 5\}$

$a = 5$: $x_1 = 2 \cdot 5 - \sqrt{5-1}$, $x_2 = 2 \cdot 5 + \sqrt{5-1}$

$x_1 = 10 - \sqrt{4}$, $x_2 = 10 + \sqrt{4}$ $L = \{8, 12\}$

$a = 10$: $x_1 = 2 \cdot 10 - \sqrt{10-1}$, $x_2 = 2 \cdot 10 + \sqrt{10-1}$

$x_1 = 20 - \sqrt{9}$, $x_2 = 20 + \sqrt{9}$ $L = \{17, 23\}$

$a = 26$: $x_1 = 2 \cdot 26 - \sqrt{26-1}$, $x_2 = 2 \cdot 26 + \sqrt{26-1}$

$x_1 = 52 - \sqrt{25}$, $x_2 = 52 + \sqrt{25}$ $L = \{47, 57\}$

a	1	2	5	10	26
L	{2}	L = {3, 5}	L = {8, 12}	L = {17, 23}	L = {47, 57}

Quadratische Gleichungen

1 **Löse für G = ℝ die gegebene Gleichung und führe Kontrollen durch!**

a) $x^2 + 6x - 135 = 0$ **b)** $x^2 - 19x + 70 = 0$ **c)** $x^2 - 5x - 104 = 0$

2 **Löse für G = ℝ die gegebene Gleichung und führe Kontrollen durch!**

a) $20x^2 + 9x - 11 = 0$ **b)** $2x^2 + 6{,}5x + 5{,}18 = 0$ **c)** $7x^2 - 5x - 18 = 0$

3 **Löse für G = ℝ mithilfe des TR auf Hundertstel genau:**

a) $3x^2 - 9x + 2 = 0$ **b)** $2{,}1x^2 - 8{,}66x + 2{,}5 = 0$

4 **Löse für G = ℝ die gegebene Gleichung und führe Kontrollen durch!**

a) $(5 + 2x)(7 - x) + (7 + x)(5 - 2x) = 34$ **b)** $(x + 4)^2 - (x + 3)^2 = (x + 1)^2 - 43$

5 **Löse für G = ℝ die gegebene Gleichung und führe Kontrollen durch!**

a) $(x - 4)^2 + 3 = (3x - 13)^2$ **b)** $(x - 1)^2 + x^2 - 1 = 0$

6 **Löse für G = ℝ die gegebene Gleichung und führe Kontrollen durch!**

a) $(2x + 3)^2 - (3x - 1)^2 + (x + 2)^2 = 0$ **b)** $(7x - 2)(5x + 3) - 12x = (3x + 7)^2 + 5(x^2 + 1)$

7 **Löse für G = ℝ die gegebene Gleichung und führe Kontrollen durch!**

a) $(4x - 7)(3x + 5) - (2x + 5)(x - 3) = 470$ **b)** $2(5x - 79) + (2x + 3)(2x - 3) = (x + 5)^2$

8 **Löse für G = ℝ die gegebene Gleichung und führe Kontrollen durch!**

a) $\frac{9}{x-3} - 5 = \frac{4}{x-8}$ **b)** $\frac{4}{x-w} + \frac{10}{x-1} = \frac{21}{x+1}$

9 **Löse für G = ℝ die gegebene Gleichung und führe Kontrollen durch!**

a) $\frac{1}{x-6} + \frac{1}{x-4} = \frac{1}{x-7} + \frac{1}{x+2}$ **b)** $\frac{3}{x-4} + \frac{8}{x-1} = \frac{3}{x-2} + \frac{8}{x-3}$

10 **Löse für G = ℝ die gegebene Gleichung und führe Kontrollen durch!**

a) $\frac{9}{4} + \frac{x}{3-x} = \frac{x}{x+3}$ **b)** $\frac{x+5}{x+1} + \frac{4}{x-1} = \frac{x+9}{x}$

11 **Löse für G = ℝ die gegebene Gleichung!**

a) $\frac{x+17}{x+5} + \frac{120}{x^2-25} = \frac{2(x+1)}{x-5}$ **b)** $\frac{3x-1}{x-4} - \frac{3x+23}{x+4} = \frac{88}{x^2-16}$

12 **Gib die Lösungsmenge in Abhängigkeit von der Formvariablen a bzw. b ∈ ℝ an!**

a) $(a - x)^2 + (b - x)^2 = (a - b)^2$ **b)** $a(4x + a) = (x + 2a)(x - 2a)$

13 **Gib die Lösungsmenge in Abhängigkeit von der Formvariablen a bzw. b ∈ ℝ an!**

a) $\frac{x+b}{2a} + \frac{2b}{2x-x} = 3$ **b)** $\frac{15}{x+b} - \frac{3}{x-b} = \frac{4}{x}$

14 **Gib die Lösungsmenge in Abhängigkeit von der Formvariablen a bzw. b ∈ ℝ an!**

a) $\frac{x}{a} = \frac{a^2 + ab + b^2}{ax} + \frac{b}{x}$ **b)** $\frac{1-ax}{a-x} = \frac{a-x}{1-ax}$

15 **Forme die Gleichungen nach jeder der vorkommenden Variablen um!**

a) $E = \frac{mv^2}{2}$ **b)** $h = \frac{v_0^2}{2g}$ **c)** $s = \frac{g}{2}t^2$

16 **Von einer quadratischen Gleichung sind die beiden Lösungen bekannt. Gib die entsprechende Gleichung an!**

a) $x_1 = 2 \quad x_2 = \frac{1}{2}$ **b)** $x_1 = \frac{2}{5} \quad x_2 = \frac{5}{2}$ **c)** $x_1 = -\frac{3}{4} \quad x_2 = -\frac{4}{3}$

17 **Zerlege in ein Produkt von Linearfaktoren. Verwende die Sätze von Vieta!**

a) $T(x) = x^2 - 8x + 15$ **b)** $T(x) = x^2 + 7x - 18$ **c)** $T(x) = x^2 + 12x + 35$

18 **Zerlege in ein Produkt von Linearfaktoren. Verwende die Sätze von Vieta!**

a) $T(x) = 6x^2 - 7x - 3$ **b)** $T(x) = 4x^2 - x - 3$ **c)** $T(x) = 30x^2 + 43x + 15$

Textgleichungen

Oft ist eine Gleichung in Form eines Textes gegeben. Gehe dann nach folgendem „Prinzip" vor:

1. Lies den Text genau durch und finde heraus, was du berechnen sollst (= Fragestellung). Wähle dann für die Unbekannte eine Variable.
2. Bringe den Text in eine mathematische Form, indem du alle im Text vorkommenden Größen durch die Variable ausdrückst. Oft ist hier eine Tabelle hilfreich.
3. Was ist nach dem gegebenen Text gleichzusetzen? Stelle eine Gleichung auf (Ansatz).
4. Löse die Ansatzgleichung.
5. Führe eine Probe mithilfe des Textes durch und schreibe eine Antwort.

Der Flächeninhalt eines Rechtecks beträgt 60 cm². Die Seiten unterscheiden sich um 4 cm. Berechne den Umfang des Rechtecks.

1. Seitenlänge: x — Flächeninhalt = Produkt der Seitenlängen

2. Seitenlänge: $x - 4$

$x \cdot (x - 4) = 60$ — Ansatz

$x^2 - 4x = 60 \quad | -60$

$x^2 - 4x - 60 = 0$ — quadratische Gleichung, Lösung mithilfe der Formel

$x_{1,2} = 2 \pm \sqrt{4 - (-60)} = 2 \pm \sqrt{4 + 60} = 2 \pm \sqrt{64} = 2 \pm 8$

$x_1 = -6 \quad x_2 = 10$ — Da eine Seitenlänge nur einen positiven Wert haben kann, kommt als Lösung nur $x_2 = 10$ in Frage.

1. Seitenlänge: 10 cm — Umfang: $u = 2 \cdot (a + b)$

2. Seitenlänge: 6 cm — $u = 2 \cdot (10 + 6) = 32$ cm

Probe aus dem Text: $A = 10 \cdot 6 = 60$ cm²

Die Seitenlängen des Rechtecks betragen 10 cm und 6 cm, der Umfang beträgt 32 cm.

Multipliziert man eine zweiziffrige Zahl, deren Zehnerziffer um 3 größer ist als die Einerziffer, mit ihrer Ziffernsumme, erhält man 1 105. Wie lautet die Zahl?

	Zehnerziffer	Einerziffer	Wert der Zahl	Ziffernsumme
Zahl	$x + 3$	x	$10 \cdot (x + 3) + x$	$x + 3 + x = 2x + 3$

$[10 \cdot (x + 3) + x] \cdot (2x + 3) = 1\,105$

$(10x + 30 + x) \cdot (2x + 3) = 1\,105$

$(11x + 30) \cdot (2x + 3) = 1\,105$

$22x^2 + 60x + 33x + 90 = 1\,105$

$22x^2 + 93x - 1\,015 = 0$ — quadratische Gleichung, Lösung mithilfe der Formel

$$x_{1,2} = \frac{-93 \pm \sqrt{93^2 - 4 \cdot 22 \cdot (-1\,015)}}{2 \cdot 22} = \frac{-93 \pm \sqrt{97\,969}}{44} = \frac{-93 \pm 313}{44}$$

$x_1 = \frac{-406}{44} \quad x_2 = 5$ — Da x eine Ziffer ist, kommt als Lösung nur $x_2 = 5$ in Frage.

Probe:

Einerziffer: 5 Zahl: 85 Ziffernsumme: $8 + 5 = 13$

Zehnerziffer: 8 Produkt Zahl mal Ziffernsumme: $85 \cdot 13 = 1\,105$

Die gesuchte Zahl lautet 85.

Ein Wasserbecken wird durch zwei Zuflussrohre gefüllt. Wenn beide offen sind, ist das Becken in 12 Stunden gefüllt. Wie lange müsste jedes Zuflussrohr geöffnet sein, um das Becken zu füllen, wenn dazu das zweite allein um 10 Stunden länger braucht als das erste?

Z_1 braucht alleine x Stunden für die Füllung
in einer Stunde schafft dieses Zuflussrohr $\frac{1}{x}$ des Volumens V

Z_2 braucht alleine x + 10 Stunden für die Füllung
in einer Stunde schafft dieses Zuflussrohr $\frac{1}{x+10}$ des Volumens V

Beide zusammen brauchen 12 Stunden für das ganze Volumen V → Ansatz

$$12 \cdot \frac{1}{x} \cdot V + 12 \cdot \frac{1}{x+10} \cdot V = V \qquad | : V$$
$$12 \cdot \frac{1}{x} + 12 \cdot \frac{1}{x+10} = 1 \qquad | \cdot x \cdot (x + 10)$$
$$12 \cdot (x + 10) + 12 \cdot x = x \cdot (x + 10)$$
$$12x + 120 + 12x = x^2 + 10x$$
$$24x + 120 = x^2 + 10x \qquad | -24x - 120$$
$$0 = x^2 - 14x - 120$$
$$x^2 - 14x - 120 = 0$$
$$x_{1,2} = 7 \pm \sqrt{49 - (-120)} = 7 \pm 13$$
$x_1 = -6$ $x_2 = 20$ Anzahl von Stunden muss positiv sein → x = 20 Stunden

Probe:

Z_1 allein in 20 Stunden in einer Stunde $\frac{1}{20}$ in 12 Stunden $\frac{12}{20}$ des Volumens

Z_2 allein in 30 Stunden in einer Stunde $\frac{1}{30}$ in 12 Stunden $\frac{12}{30}$ des Volumens

$$\frac{12}{20} V + \frac{12}{30} V = \frac{3}{5} V + \frac{2}{5} V = \frac{5}{5} V = V$$

Das erste Zuflussrohr muss 20 Stunden, das zweite 30 Stunden geöffnet sein.

Ein Radfahrer braucht für eine Strecke von 60 km bei einem Gegenwind von 3 km/h um 1 Stunde und 40 Minuten länger als bei Windstille. Berechne die durchschnittliche Geschwindigkeit des Radfahrers bei Windstille. (Beachte: $s = v \cdot t$ bzw. 1 min = $\frac{1}{60}$ h)

	Windstille	Gegenwind
Weg s in km	60	60
Geschwindigkeit v in km/h	x	x − 3
Zeit t für 60 km in Stunden	$\frac{60}{x}$	$\frac{60}{x} + 1\frac{40}{60}$

Ansatz:
Berechne die zurückgelegte Wegstrecke bei Gegenwind. Diese muss laut Angabe 60 km sein. Verwende die Formel $s = v \cdot t$

$$60 = (x - 3) \cdot \left(\frac{60}{x} + 1\frac{40}{60}\right)$$
$$60 = x \cdot \frac{60}{x} - 3 \cdot \frac{60}{x} + x \cdot 1\frac{40}{60} - 3 \cdot 1\frac{40}{60}$$
$$60 = 60 - \frac{180}{x} + \frac{100x}{60} - 5 \qquad | -60$$
$$0 = -\frac{180}{x} + \frac{100x}{60} - 5 \qquad | \cdot 60x$$
$$0 = -10\,800 + 100x^2 - 300x$$
$$-10\,800 + 100x^2 - 300x = 0$$
$$100x^2 - 300x - 10\,800 = 0 \qquad | : 100$$
$$x^2 - 3x - 108 = 0$$
$$x_{1,2} = 1{,}5 \pm \sqrt{1{,}5^2 - (-108)} = 1{,}5 \pm 10{,}5$$
$x_1 = -9$ $x_2 = 12$ Der Radfahrer fährt mit einer Geschwindigkeit von 12 km/h.

Probe:

bei Windstille:
60 km bei v = 12 km/h → 5 Stunden

bei Gegenwind:
$\frac{60}{9}$ h $= 6\frac{6}{9}$ h $= 6\frac{2}{3}$ Stunden, das ist um $1\frac{2}{3}$ h, also um 1 Stunde und 40 Minuten länger.

Textgleichungen

1 Zerlege die Zahl 61 so in zwei Summanden, dass das Produkt der Summanden 888 ist.

2 Von einer zweiziffrigen Zahl kennt man die Einerziffer 2. Vertauscht man die beiden Ziffern, ergibt das Produkt aus der neuen und der alten Zahl 1 300.
Berechne die Ausgangszahl!

3 Lukas und Marita erhalten je 40 € Taschengeld. Da Lukas täglich um 3 € mehr ausgibt, ist sein Taschengeld um 3 Tage früher aufgebraucht als das von Marita.
Wie viele Tage kommen Lukas und Marita mit ihrem Taschengeld aus?

4 Der Umfang eines rechteckigen Grundstücks beträgt 994 m, der Flächeninhalt 57 720 m^2.
Wie lang sind die Seiten?

5 Von einem Drehkegel kennt man die Oberfläche $O = 96\pi\ cm^2$ sowie die Länge der Erzeugenden $s = 10$ cm. Berechne die Länge des Radius der Grundfläche!

6 Auf einem rechteckigen Feld, das 120 m lang und 100 m breit ist, wird ein Sportplatz errichtet, der $\frac{2}{3}$ des gesamten Feldes einnehmen soll. Um den Platz wird ein Zuschauerraum errichtet.
Berechne die Breite!

7 Ein Gewinn von 1 440 € soll aufgeteilt werden. Da drei Personen auf ihren Anteil verzichten wächst der Anteil der übrigen Personen um 24 €.
Wie viele Personen hatten ursprünglich Anrecht auf einen Anteil?

8 Ein Kaufmann bestellt eine bestimmte Sorte einer Ware um 588 €. Da bis zur Lieferung der Kilopreis um 2,80 € billiger wird, schickt ihm der Händler um $\frac{1}{2}$ kg mehr als im Auftrag vereinbart. Wie viel kg wurden ursprünglich bestellt?

Überprüfe dein Wissen!

- ☞ Erkläre die Begriffe Variable, Term, Monom, Binom, Polynom
- ☞ Was versteht man unter einer Formvariablen?
- ☞ Wann erhält man eine Gleichung?
- ☞ Welche Elemente stehen in der Lösungsmenge einer Gleichung?
- ☞ Wann heißen Gleichungen äquivalent?
- ☞ Nenne die vier Äquivalenzumformungen!
- ☞ Welche Form hat die lineare Gleichung in der Variablen x?
- ☞ Nenne die drei Lösungsfälle einer linearen Gleichung!
- ☞ Welche Form hat eine quadratische Gleichung? Benne die einzelnen Glieder!
- ☞ Wann spricht man von einer normierten Form einer quadratischen Gleichung?
- ☞ Nenne die „kleine" Lösungsformel und gibt die zugehörige quadratische Gleichung an!
- ☞ Welche drei mögliche Lösungsfälle für eine quadratische Gleichung gibt es?
- ☞ Nenne die „große" Lösungsformel und gibt die zugehörige quadratische Gleichung an!
- ☞ Schreibe die drei Sätze von Vieta für
  (a) die allgemeine Form
  (b) die normierte Form der quadratischen Gleichung an!
- ☞ Wie kann man einen quadratischen Term in ein Produkt von Linearfaktoren verwandeln?

Wende dein Wissen an!

1 Welche Gleichungen sind äquivalent?

a) $7x - 3 = 11$

- ☐ $x = -2$
- ☐ $-3x = -6$
- ☐ $5x + 3 = 17$
- ☐ $\frac{x}{2} + 1 = 2$

b) $7 - \frac{3x}{2} = 1$

- ☐ $3x - 5 = 6$
- ☐ $7 + 2x = 15$
- ☐ $x = 4$
- ☐ $42 - 4x = 20$

c) $a = 1{,}5$

- ☐ $a^2 = 2{,}25$
- ☐ $2{,}5 - a = 1{,}5$
- ☐ $4a - 4 = 2$
- ☐ $\frac{a}{2} + \frac{1}{4} = 1$

2 Für welche Werte von a besitzt die Gleichung $x^2 - 2ax + 3a = 0$ genau eine Lösung?

3 Für welche Werte von a besitzt die Gleichung $x^2 - 3ax + 9 = 0$ eine Doppellösung?

4 In welcher der angegebenen Grundmenge ist die Gleichung lösbar?

	ℕ	ℤ	ℚ	ℝ
$2x^2 - 3x - 2 = 0$	☐	☐	☐	☐
$x^2 + 2x - 2 = 0$	☐	☐	☐	☐
$x^2 - x + 2 = 0$	☐	☐	☐	☐
$8x^2 - 6x - 5 = 0$	☐	☐	☐	☐

5 Lösbarkeit der quadratischen Gleichung: Finde zu jeder Lösungsmöglichkeit die passenden Aussagen!

	2 Lösungen	1 Lösung	keine reelle Lösung
$\frac{p^2}{4} = q$	☐	☐	☐
$D < 0$	☐	☐	☐
$b^2 - 4ac > 0$	☐	☐	☐
$p^2 > 4q$	☐	☐	☐

6 Ist x Lösung der folgenden Gleichung?

	$x = -3$	$x = -1$	$x = 2$	$x = \frac{5}{2}$	$x = 3$	$x = 4$	$x = 8$
$x^2 - 5x + 6 = 0$	☐	☐	☐	☐	☐	☐	☐
$x^2 + x = 6$	☐	☐	☐	☐	☐	☐	☐
$x^2 = 4 \cdot (3x - 8)$	☐	☐	☐	☐	☐	☐	☐
$x \cdot (2x - 13) + 20 = 0$	☐	☐	☐	☐	☐	☐	☐
$2x^2 - 3x = 5$	☐	☐	☐	☐	☐	☐	☐
$x \cdot (x - 1) = 12$	☐	☐	☐	☐	☐	☐	☐

7 a) Löse die quadratische Gleichung $15x^2 + 4ax - 3a^2 = 0$

b) Ermittle die Lösungen für (1) $a = 10$ (2) $a = -2$!

c) Welche Lösungen sind möglich? Gib den Wert für a an!

☐ $x_1 = \frac{1}{3}, x_2 = -\frac{3}{5}$

☐ $x_1 = -\frac{4}{3}, x_2 = -\frac{12}{5}$

☐ $x_1 = 0, x_2 = 0$

☐ $x_1 = -\frac{2}{3}, x_2 = \frac{12}{5}$

8 Zerlege den Term in ein Produkt von Linearfaktoren!

a) $T(x) = x^2 + x - 12$ b) $T(x) = 3x^2 - 7x + 2$ c) $T(x) = x^2 - 6x + 9$

9 Bestimme die normierte quadratische Gleichung, die folgende Lösungen hat!

a) $x_1 = 2, x_2 = -3$ b) $x_1 = 8, x_2 = -8$ c) $x^{(2)} = 5$

Funktionen

Begriff der Funktion

In der folgenden Tabelle ist der Bremsweg eines PKWs bei verschiedenen Geschwindigkeiten angegeben. Stelle die Zuordnung in einem Diagramm graphisch dar!

Geschwindigkeit in km/h	0	20	30	50	60	80	100
Bremsweg in m	0	4	9	25	36	64	100

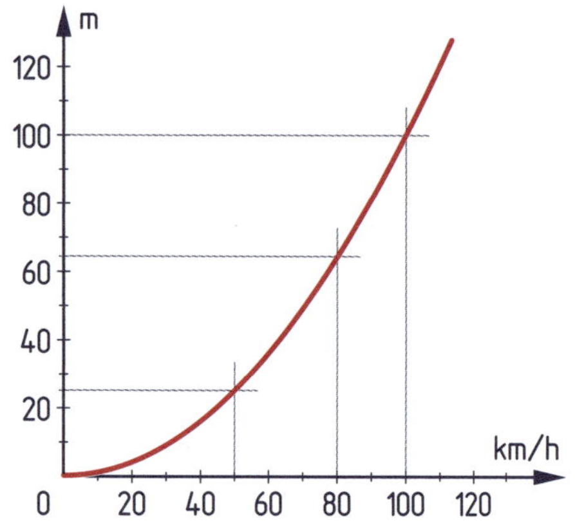

Der Bremsweg ist **abhängig** von der Geschwindigkeit. Jeder Geschwindigkeit ist eindeutig ein bestimmter Bremsweg zugeordnet. Man sagt: „Der Bremsweg y ist eine **Funktion** der Geschwindigkeit x."
Man schreibt: Geschwindigkeit → Bremsweg
„→" ... **Zuordnungspfeil**
Mithilfe von Wertepaaren (x-Wert und dazugehöriger y-Wert), die in einer Zuordnungstabelle (Wertetabelle) zusammengefasst werden, kann eine graphische Darstellung der Funktion angefertigt werden.
Diese wird als **Graph der Funktion** bezeichnet.

In ähnlicher Weise kann man die Abhängigkeit des Preises von der Fahrstrecke bei einer Taxirechnung oder die Längenausdehnung eines Metallstabes in Abhängigkeit von der Temperatur darstellen. Diesen Beispielen ist gemeinsam, dass Werten der einen Größe (aus einer Menge A) immer Werte der anderen Größe (aus einer Menge B) zugeordnet sind.

Eine Zuordnung, die jedem Element x einer Urmenge (Definitionsmenge) genau ein Element y einer Zielmenge (Bildmenge) zuordnet, heißt **Funktion** (Abbildung) **f.**

Die Geschwindigkeit ist eine **kontinuierliche Größe**, d. h. sie kann in einem bestimmten Intervall **jeden Wert** annehmen. Im Gegensatz dazu bezeichnet man Größen die **nur ganz bestimmte (vereinzelte) Werte** annehmen können, als **diskrete Größen** (z. B. Geldbeträge, Konfektionsgrößen).

Die Graphen unterscheiden sich insofern, dass bei der Geschwindigkeit die Punkte aus der Wertetabelle verbunden wurden. Bei der Zuordnung Personen ⇒ Konfektionsgrößen werden nur einzelne Punkte gezeichnet, die nicht verbunden werden (z. B. zwischen 36 und 38 gibt es keine Größe).

Bijektive Funktion

Eine Funktion heißt **bijektiv** (umkehrbar), wenn jedem Wert y der Zielmenge genau ein Wert x der Urmenge zugeordnet werden kann.

Die Abhängigkeit zwischen dem Bremsweg y und der Geschwindigkeit x eines PKWs ist z. B. eine bijektive Funktion: Es lässt sich nicht nur jeder Geschwindigkeit ein eindeutig bestimmter Bremsweg zuordnen, sondern auch jedem Bremsweg eindeutig eine Geschwindigkeit.

Wertemenge W_f einer Funktion

Die Wertmenge W_f der Funktion f enthält alle Werte der Zielmenge, die von der Größe y angenommen werden.

In der Abbildung ist die Flugbahn eines schräg abgeschossenen Pfeils in Abhängigkeit von der Zeit dargestellt. Beantworte und begründe folgende Frage: Liegt eine Funktion vor? Und wenn ja, ist diese bijektiv?
Bestimme aus dem Graphen die Wertemenge, den höchsten Punkt der Flugbahn und die Flugdauer!

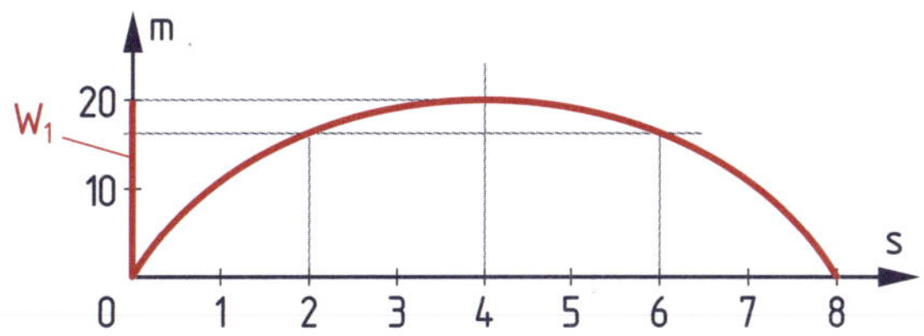

Es liegt eine Funktion vor: Jedem Zeitpunkt kann eindeutig eine Flughöhe zugeordnet werden.
Die Funktion ist nicht bijektiv: Es ist nicht jeder Höhe eindeutig ein Zeitpunkt zuordenbar.
Es werden Höhen (y-Werte) zwischen 0 m und 20 m angenommen, d. h. für die Wertemenge der Funktion gilt: $W_f = [0; 20] = \{0 \leq y \leq 20\}$
Der höchste Punkt der Flugbahn ist 20 m und wird nach 4 Sekunden erreicht.
Die Flugdauer beträgt 8 Sekunden.

Monotonieverhalten, Minimum, Maximum einer Funktion

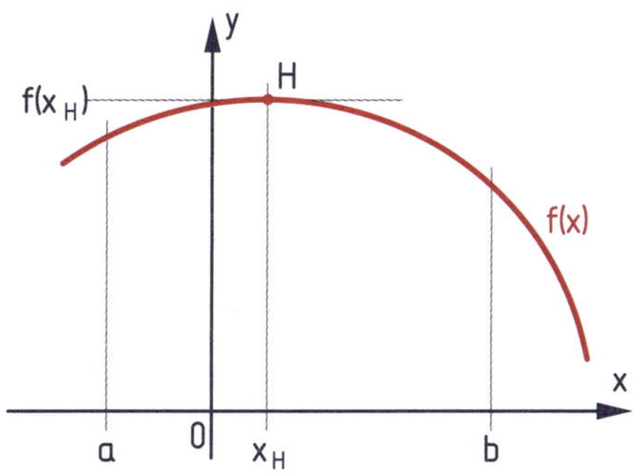

H ... Hochpunkt

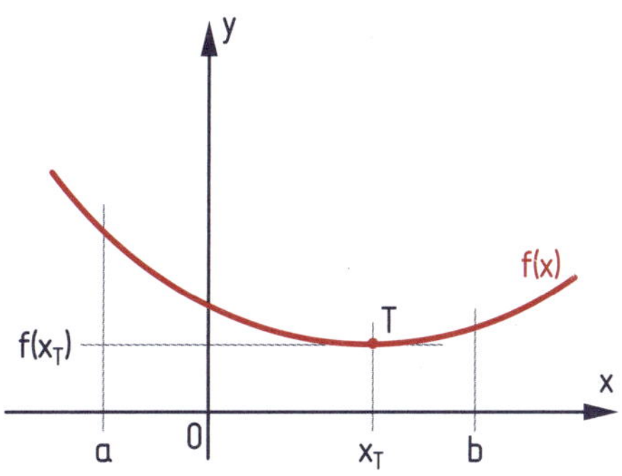

T ... Tiefpunkt

Im Intervall [a; b] hat die Funktion an der Stelle x_H den größten Funktionswert $f(x_H)$. Man nennt diese Stelle x_H Maximum. Im Intervall $[a; x_H]$ gilt: Mit wachsendem x-Wert steigt der zugehörige Funktionswert. $x_2 > x_1 \Rightarrow f(x_2) > f(x_1)$ Man sagt: Die Funktion ist im Intervall $[a; x_H]$ streng monoton steigend. Im Intervall $[x_H; b]$ gilt: Mit wachsendem x-Wert fällt der zugehörige Funktionswert. Man sagt: Die Funktion ist im Intervall $[x_H; b]$ streng monoton fallend.	Im Intervall [a; b] hat die Funktion an der Stelle x_T den kleinsten Funktionswert $f(x_T)$. Man nennt diese Stelle x_T Minimum. Im Intervall $[a; x_T]$ gilt: Mit wachsendem x-Wert fällt der zugehörige Funktionswert. $x_2 > x_1 \Rightarrow f(x_2) < f(x_1)$ Man sagt: Die Funktion ist im Intervall $[a; x_T]$ streng monoton fallend. Im Intervall $[x_T; b]$ gilt: Mit wachsendem x-Wert steigt der zugehörige Funktionswert. Man sagt: Die Funktion ist im Intervall $[x_T; b]$ streng monoton steigend.
An den Stellen x_H bzw. x_T ändert die Funktion das Monotonieverhalten. Die Stellen x_H bzw. x_T nennt man relative (lokale) Extremstellen.	

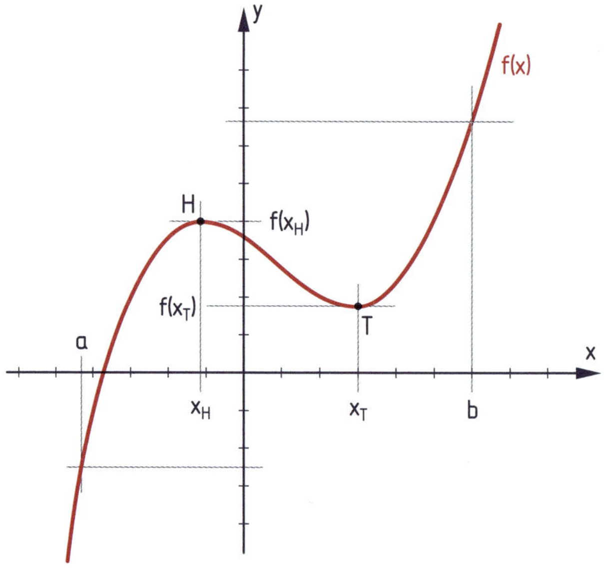

An der Stelle x_H liegt, bezogen auf eine kleine Umgebung (unmittelbar um x_H), der größte Funktionswert vor. Man bezeichnet diese Stelle als ein lokales (oder relatives) Maximum.
An der Stelle x_T liegt, bezogen auf eine kleine Umgebung (unmittelbar um x_T), der kleinste Funktionswert vor. Man bezeichnet diese Stelle als ein lokales (oder relatives) Minimum.
An den relativen Extremstellen (relatives Maximum und relatives Minimum) ändert sich das Monotonieverhalten der Funktion.

Betrachtet man allerdings das ganze Intervall [a; b], dann nimmt die Funktion im Randpunkt $x = b$ den größten Funktionswert an. $x = b$ heißt dann absolutes Maximum im Intervall [a;b].
Der absolut kleinste Funktionswert liegt an der Stelle $x = a$ vor.
Diese Stelle wird als das absolute Minimum bezeichnet.

Lies aus dem Graphen der Funktion f(x) das Monotonieverhalten ab und gib Maximum und Minimum an.

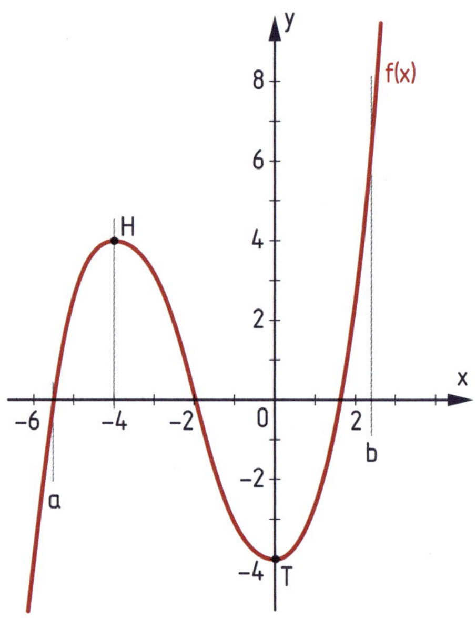

An der Stelle $x = -4$ liegt ein relatives Maximum vor.
An der Stelle $x = 0$ gibt es ein relatives Minimum.

An den relativen Extremstellen ändert sich das Monotonieverhalten der Funktion:

[a; –4] streng monoton steigend
[–4; 0] streng monoton fallend
[0; b] streng monoton steigend

Das **absolute Minimum** im Intervall [a; b] ist an der Stelle $x = 0$.
Hier fällt das absolute Minimum mit dem relativen Minimum zusammen.
Das **absolute Maximum** im Intervall [a; b] liegt am Rand und zwar an der Stelle $x = b$.

Funktionsgleichung

Die Abhängigkeit des Flächeninhalts A eines Quadrats von der Seitenlänge a kann durch die Formel $A = a^2$ beschrieben werden. Man kann auch sagen: Der Flächeninhalt A ist eine Funktion der Seitenlänge a und wird durch die Funktionsgleichung $A = a^2$ beschrieben.

Der Geltungsbereich der Funktionsgleichung muss durch die Definitionsmenge und die Zielmenge eingegrenzt werden. Da nur nicht negative Zahlen als Seitenlänge sinnvoll sind, gilt für die Definitionsmenge $D_f = \mathbb{R}_0^+$. Für die Zielmenge B ergibt sich ebenfalls $\mathbb{R}_0^+$, da das Quadrat einer nicht negativen Zahl wieder eine nicht negative Zahl ist.
Man schreibt: $f: \mathbb{R}_0^+ \to \mathbb{R}_0^+: A = a^2$

Da meist für die unabhängige Variable x und für den Funktionswert f(x) geschrieben wird, gilt allgemein für die **Darstellung einer Funktion durch eine Funktionsgleichung**:
$f: D_f \to B: y = f(x)$ x ... Argument (unabhängige Variable)
y ... bzw. f(x) Funktionswert (an der Stelle x)

Sind D_f und B die Menge $\mathbb{R}$ selbst oder Teilmengen von $\mathbb{R}$, heißt die Funktion reelle Funktion. Werden D_f und B nicht angegeben, nimmt man automatisch an, dass es sich um reelle Funktionen handelt.

Beispiele für die Angabe von Funktionen durch eine Funktionsgleichung:
$f: \mathbb{R} \to \mathbb{R}: y = 2x^2 + 1$ Man schreibt auch: $f: \mathbb{R} \to \mathbb{R}: f(x) = 2x^2 + 1$

Beispiel: Berechne für einige Argumente die zugehörigen Funktionswerte, gib sie in einer Wertetabelle an und zeichne den Graphen im angegebenen Intervall!

a) $f: \mathbb{R} \to \mathbb{R}: y = 2x - 1$ [–1; 3]

x	y
–1	–3
0	–1
1	1
2	3
3	5

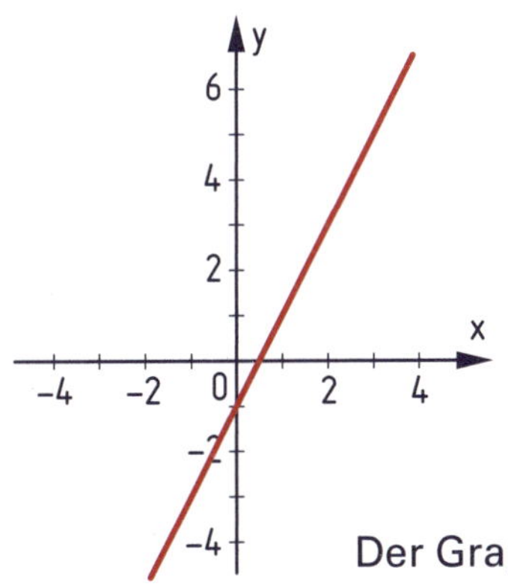

Der Graph ist eine steigende Gerade.

b) $f: \mathbb{R} \to \mathbb{R}: y = -\frac{1}{2}x + 2$ [–2; 2]

x	y
–2	3
–1	2,5
0	2
1	1,5
2	1

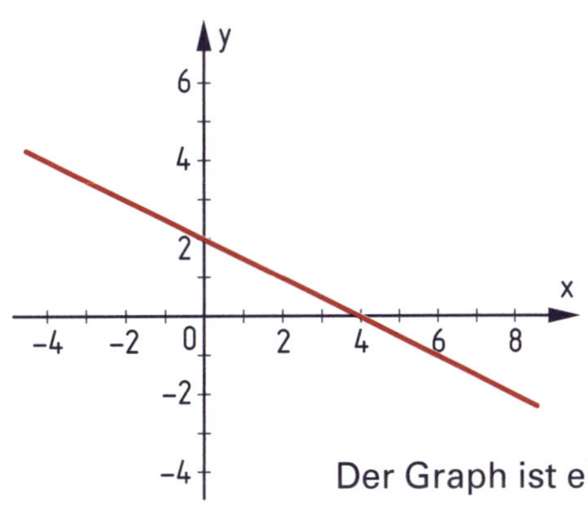

Der Graph ist eine fallende Gerade.

Beispiel: Zeichne den Graphen der reellen Funktion im angegebenen Intervall und gib das Monotonieverhalten an!

f: $\mathbb{R} \rightarrow \mathbb{R}$: $y = x^2 + 2$ [–2,5; 2,5]

x	y
–2,5	8,25
–2	6
–1,5	4,25
–1	3
–0,5	2,25
0	2
0,5	2,25
1	3
1,5	4,25
2	6
2,5	8,25

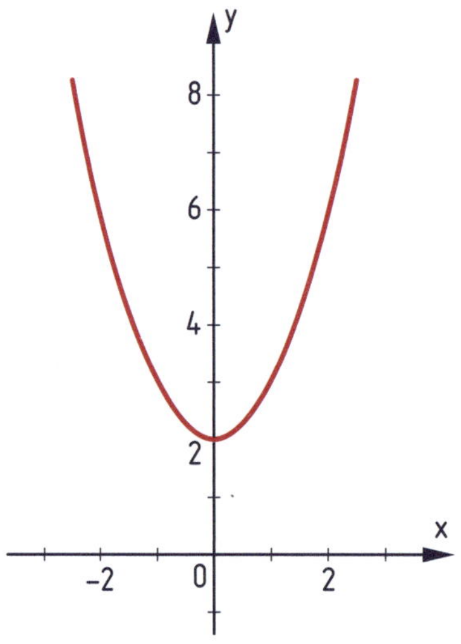

Der Graph ist eine Kurve (2. Grades = Parabel) mit nur positiven y-Werten.

relatives Minimum bei x = 0

]–∞; 0] streng monoton fallend

[0; ∞[streng monoton steigend

Beispiel: Zeichne den Graphen der reellen Funktion im angegebenen Intervall. Welche Funktionswerte treten auf?

f: $\mathbb{R} \rightarrow \mathbb{R}$: $y = \frac{x^3 - 16x}{4}$ [–4,5; 4,5]

x	y
–4,5	–4,78
–4	0
–3,5	3,28
–3	5,25
–2,5	6,09
–2	6
–1,5	5,16
–1	3,75
–0,5	1,97
0	0
0,5	–1,97
1	–3,75
1,5	–5,16
2	–6
2,5	–6,09
3	–5,25
3,5	–3,28
4	0
4,5	4,78

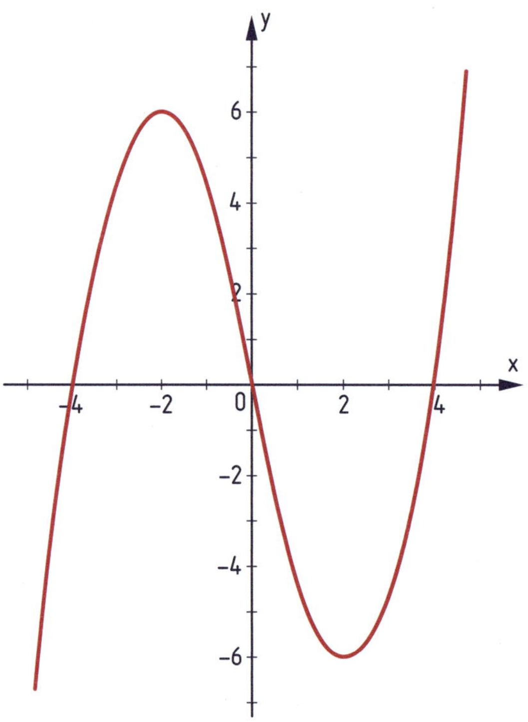

Der Graph der Funktion ist eine Kurve (3. Grades).
Als Funktionswerte sind alle reellen Zahlen möglich.

Nullstellen einer Funktion

Jene Argumente **x**, denen der **Funktionswert y = 0** zugeordnet ist, heißen **Nullstellen der Funktion y = f(x)**. Die Nullstellen sind also die Lösungen der Gleichung $f(x) = 0$.

Beispiel: Konstruiere den Graphen der Funktion $f: \mathbb{R} \to \mathbb{R}: y = x^2 + x - 6$

x	y
–4	6
–3,5	2,75
–3	0
–2,5	–2,25
–2	–4
–1,5	–5,25
–1	–6
–0,5	–6,25
0	–6
0,5	–5,25
1	–4
1,5	–2,25
2	0
2,5	2,75
3	6

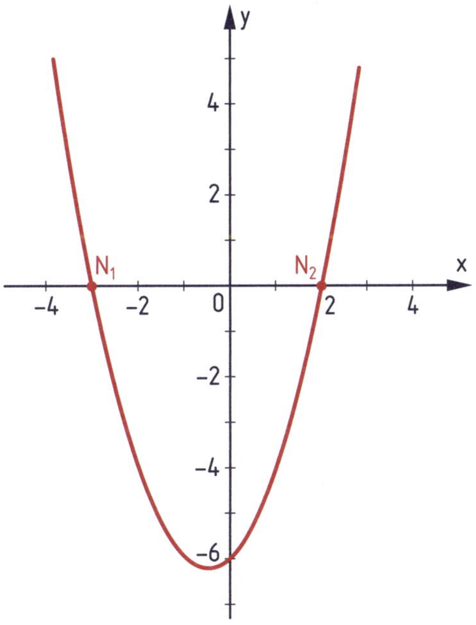

An der Stelle $x_1 = -3$ gilt:
$f(x_1) = f(-3) = 0$

An der Stelle $x_2 = 2$ gilt:
$f(x_2) = f(2) = 0$

Die Stellen sind daher Nullstellen.

Es gilt: $N_1(-3|0)$ $N_2(2|0)$

Man kann die Nullstellen auch errechnen. Beachte dabei die Definitionsmenge.
Ist x_0 eine Nullstelle, dann gilt $f(x_0) = 0$.
Die Frage nach der Nullstelle einer Funktion ist also identisch mit der Aufgabenstellung:
Löse die entsprechende Funktionsgleichung $f(x) = 0$.

Beispiel: Berechne die Nullstelle der Funktion $y = x^2 + x - 6$.

$x^2 + x - 6 = 0$ Löse die entsprechende Gleichung $f(x) = 0$.

$x_{1,2} = -\frac{1}{2} \pm \sqrt{\left(\frac{1}{2}\right)^2 + 6} = -\frac{1}{2} \pm \sqrt{\frac{1 + 24}{4}} = -\frac{1}{2} \pm \frac{5}{2}$

$x_1 = -3$ $x_2 = 2$

Die Werte $x_1 = -3$ und $x_2 = 2$ sind Lösungen der Gleichung $x^2 + x - 6 = 0$ und damit die Nullstellen der Funktion $f(x) = x^2 + x - 6$: $N_1(-3|0)$ $N_2(2|0)$

Beispiel: Berechne die Nullstelle der Funktion!

a) $y = x^2 + 2$

Bedingung für die Nullstelle:

$f(x) = 0$

$x^2 + 2 = 0$

$x^2 = -2$

Diese Gleichung hat in $\mathbb{R}$ keine Lösung.
→ Die reelle Funktion $y = x^2 + 2$ hat keine Nullstelle.

b) $y = x^3 - \frac{16x}{4} = 0$ | · 4

Bedingung für die Nullstelle:

$f(x) = 0$

$x^3 - \frac{16x}{4} = 0$ | · 4

$4x^3 - 16x = 0$ Herausheben

$x \cdot (4x^2 - 16) = 0$ „Produkt-Null-Satz“

$(x = 0) \vee (4x^2 - 16 = 0)$

$(x = 0) \vee (4x^2 = 16)$

$(x = 0) \vee (x = -2) \vee (x = 2)$

$N_1(-2|0)$, $N_2(0|0)$, $N_3(2|0)$

Lineare Funktionen

Eine Funktion f: $\mathbb{R} \rightarrow \mathbb{R}$: $y = k \cdot x + d$ mit $k, d \in \mathbb{R}$ heißt **lineare Funktion.**
Der **Graph** jeder linearen Funktion **ist eine Gerade.**

Ist $d = 0$, d. h. $y = k \cdot x$, so spricht man von einer **homogenen linearen Funktion.**
Ist d 0, d. h. $y = k \cdot x + d$, so spricht man von einer **inhomogenen linearen Funktion.**
Ist $k = 0$, d. h. $y = d$, so spricht man von einer **konstanten Funktion.**

Die **Zahl k** (Proportionalitätsfaktor) bezeichnet man als Steigung (Anstieg).
Sie legt die Richtung der Geraden fest. Je größer k, desto stärker steigt die Gerade.

Ist die Steigung k positiv (also $k > 0$), dann ist die Gerade steigend.

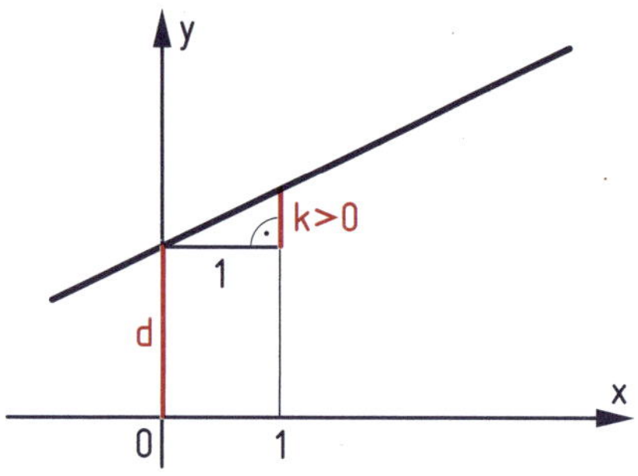

Ist die Steigung k negativ (also $k < 0$), dann ist die Gerade fallend.

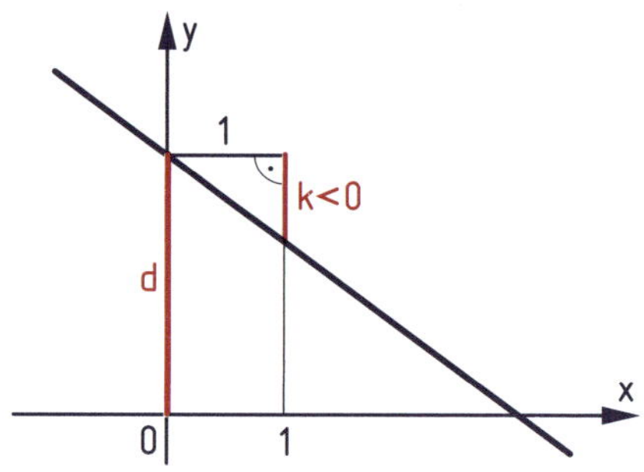

Die **Zahl d** ist der Abstand vom Ursprung zum Schnittpunkt der Geraden mit der y-Achse.

Beispiel: Zeichne den Graphen der Funktion $y = 2x - 1$ im Intervall $-2 \leq x \leq 3$. Lies aus der Funktionsgleichung k und d ab und gib die Richtung der Geraden an!

Wertetabelle:

x	y
–2	–5
–1	–3
0	–1
1	1
2	3
3	5

$k = 2$

$k > 0 \rightarrow$ Gerade steigt
$d = -1$

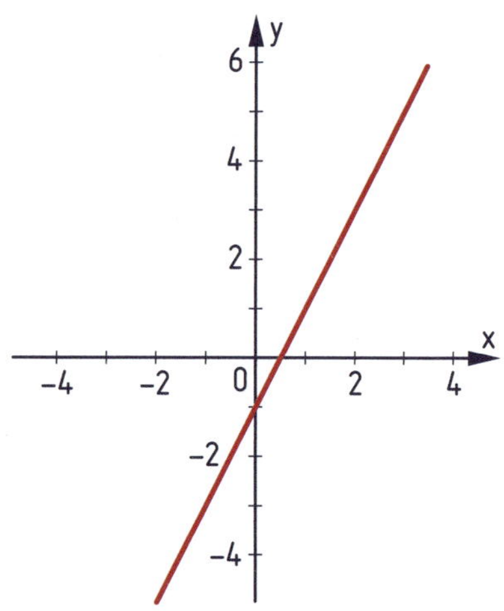

Beispiel: Zeichne den Graphen der Funktion $y = -x + 2$ im Intervall $-2 \leq x \leq 3$. Lies aus der Funktionsgleichung k und d ab und gib die Richtung der Geraden an!

Wertetabelle:

x	y
–2	4
3	–1

$k = -1$

$k < 0 \rightarrow$ Gerade fällt
$d = 2$

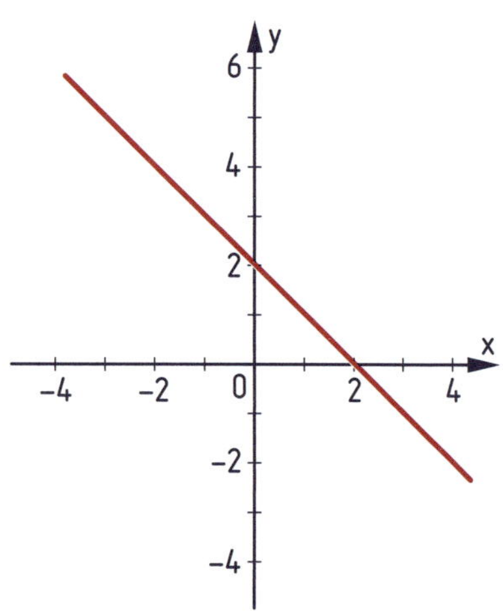

Da der **Graph jeder linearen Funktion** eine **Gerade** ist, genügt es **zur Konstruktion** des Graphen, die **Koordinaten von zwei Punkten** auszurechnen.

Steigungsdreieck, Steigungswinkel

Bei jeder linearen Funktion kann man ein **Steigungsdreieck** angeben.
Wird das Argument von einer beliebigen Stelle des Funktionsgraphen aus um 1 vergrößert, dann ändert sich der Funktionswert um den Wert k. Es entsteht das rechtwinklige Dreieck PP_1Q_1 mit den beiden Katheten 1 und k und dem Steigungswinkel α.

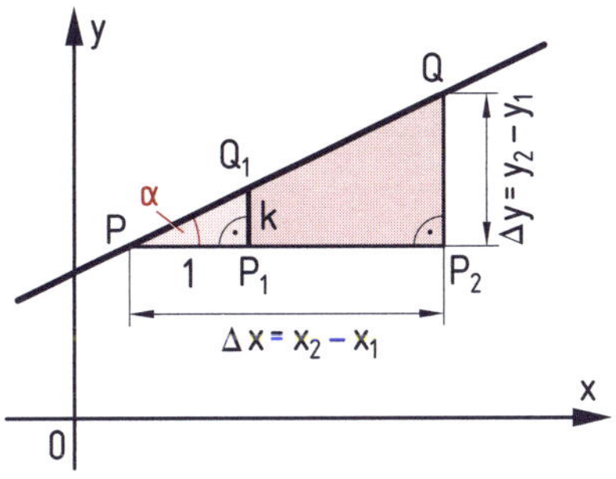

Die Steigung k der Funktion lässt sich mithilfe des Differenzenquotienten zweier beliebiger Punkte $P(x_1|y_1)$ und $Q(x_2|y_2)$ berechnen.
Δx … Differenz der Argumente
Δy … Differenz der zugehörigen Funktionswerte
Aus den ähnlichen Dreiecken PP_1Q_1 und PP_2Q kann man den Wert k errechnen (Strahlensatz):

$k : 1 = \Delta y : \Delta x \rightarrow k = \frac{\Delta y}{\Delta x}$ bzw. $k = \frac{y_2 - y_1}{x_2 - x_1}$

$\frac{\Delta y}{\Delta x}$ …Differenzenquotient

Beispiel: Gib die Gleichung der linearen Funktion an, deren Graph die beiden Punkte A(–2|3) und B(2|4) enthält!

$y = kx + d$ Funktionsgleichung einer linearen Funktion

$k = \frac{y_2 - y_1}{x_2 - x_1}$ Mithilfe des Differenzenquotienten kann man die Steigung k errechnen.

$k = \frac{4 - 3}{2 - (-2)} = \frac{1}{4}$

$y = kx + d$ Gleichung der linearen Funktion

$y = \frac{1}{4}x + d$ Da A (aber auch B) Punkte des Funktionsgraphen sind, muss der Zusammenhang zwischen y und x auch für die Koordinaten des Punktes gelten.
Man sagt: „Die Koordinaten des Punktes müssen die Gleichung erfüllen."

$4 = \frac{1}{4} \cdot 2 + d$ Einsetzen der Koordinaten eines Punktes (z. B. B), um d zu errechnen.

$4 = \frac{1}{2} + d \quad | -\frac{1}{2}$

$d = 3{,}5$

$y = \frac{1}{4}x + 3{,}5$ Funktionsgleichung

Direkt proportionaler Zusammenhang zwischen zwei Größen

Stehen zwei Größen x und y **in einem direkt proportionalen Verhältnis**, so lässt sich dieser Zusammenhang durch die **homogene lineare Funktion** $y = k \cdot x$ beschreiben.
k heißt **Proportionalitätsfaktor**.

Beispiel: 1 kg einer Ware kostet 1,20 €. Wie viel kosten 3 kg?

Es besteht hier ein linearer Zusammenhang zwischen Preis und Anzahl der kg.

$P = 1{,}20 \cdot 3$
$P = 3{,}60$ €

allgemein: $y = k \cdot x$
y → Gesamtpreis in €
k → Preis pro kg (k)
x → Anzahl (x)

Besondere Funktionen

Stückweise lineare Funktionen

Beispiel: Die österreichische Post verrechnet als Briefgebühr bestimmte Eurobeträge (siehe Tabelle/Stand Mai 2011). Stelle die Gebühren in Abhängigkeit von der Masse in einem Diagramm dar!

Briefe x	Gebühr y in €
bis 20 g	0,62
bis 50 g	0,90
bis 500 g	1,45
bis 1 000 g	2,90
bis 2 000 g	3,80

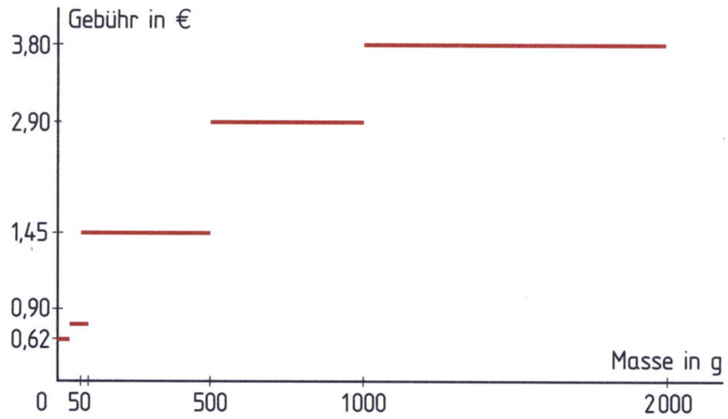

Der Graph der Funktion besteht aus Strecken („Geradenstücken“) und wird stückweise linear bezeichnet. Diese Funktionen werden **Treppenfunktionen** genannt.

Integerfunktion

Für den ganzzahligen Anteil y einer Zahl x schreibt man $y = \text{int } x$ und liest „y ist integer (engl.) von x“.

Beispiel:

$\text{int } 5{,}3 = 5$ $\quad$ $\text{int } 8 = 8$

$\text{int } (-1{,}6) = -1$ $\quad$ $\text{int } \pi = 3$

Der Graph der Funktion $y = \text{int } x$ ist eine stückweise lineare Funktion und besitzt bei jeder ganzen Zahl außer Null eine Sprungstelle.

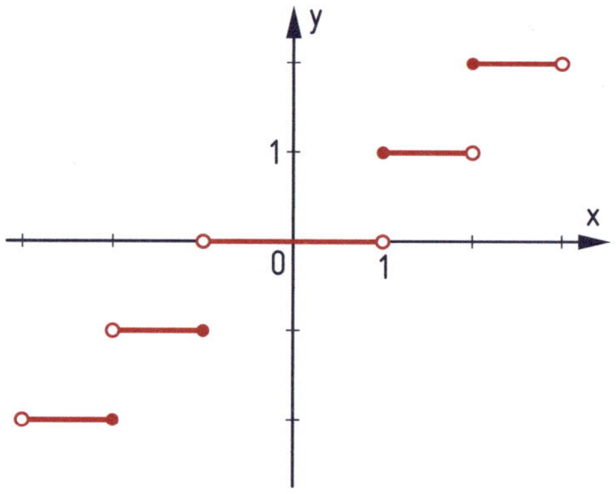

Signumfunktion

Unter dem Signum einer Zahl versteht man das Vorzeichen der Zahl.

Für die Funktion $y = \text{sgn } x$ gilt: $\begin{cases} y = -1 & \text{wenn } x < 0 \\ y = 0 & \text{wenn } x = 0 \\ y = 1 & \text{wenn } x > 0 \end{cases}$

Der Graph besteht aus zwei zur x-Achse parallelen Teilen und einem isolierten Punkt im Ursprung, wo eine Sprungstelle vorliegt.

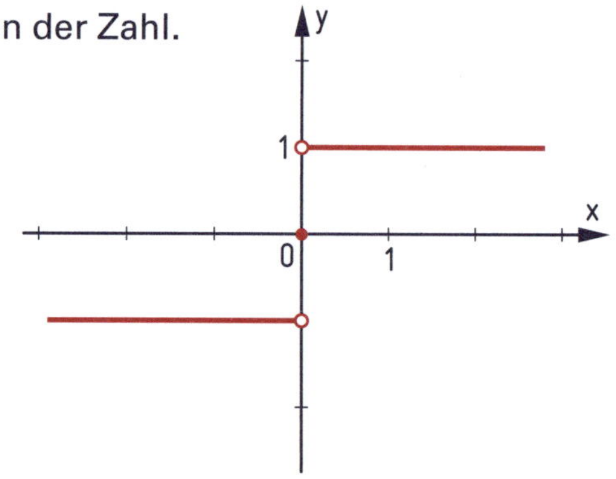

Betragsfunktion

Für die Funktion $y = |x|$ gilt: $\begin{cases} y = -x \text{ wenn } x < 0 \\ y = 0 \text{ wenn } x = 0 \\ y = x \text{ wenn } x > 0 \end{cases}$

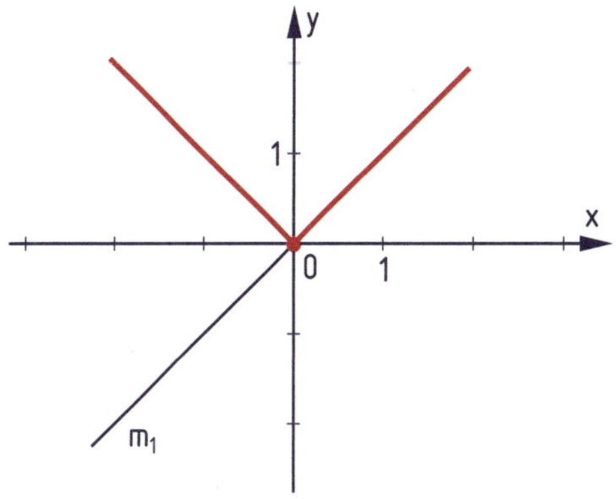

Der Graph besteht aus zwei Strahlen, die im Ursprung eine Knickstelle (Ecke) bilden.

Die quadratische Funktion $y = ax^2 + bx + c$

Die Funktion $f: \mathbb{R} \to \mathbb{R}: y = ax^2 + bx + c \quad a, b, c \in \mathbb{R}$ mit $a \neq 0$ nennt man **quadratische Funktion.**

Die einfachste Form der quadratischen Funktion hat die Funktionsgleichung $y = x^2$. Ihr Graph ist eine Parabel, die durch den Ursprung des Koordinatensystems verläuft. Man bezeichnet diesen Graphen als **Grundparabel**.

Wertetabelle

x	y
−3	9
−2	4
−1	1
−0,5	0,25
0	0
0,5	0,25
1	1
2	4
3	9

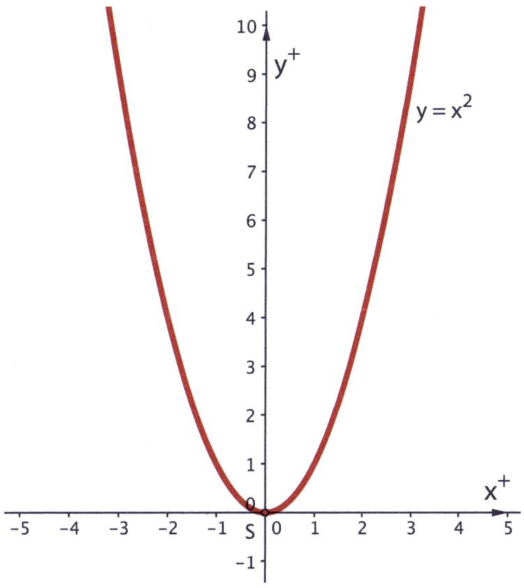

Der Scheitelpunkt S(0/0) ist Tiefpunkt dieser Funktion.

$]-\infty; 0]$ Funktion streng monoton fallend

$[0; +\infty[$ Funktion streng monoton steigend

Der Scheitelpunkt S(0/0) ist die einzige Nullstelle.

Kontrolle durch Rechnung:

$f(x) = 0$ Bedingung für Nullstelle

$0 = x^2$

$x = 0^{(2)}$ doppelte Nullstelle $N^{(2)}(0/0)$

Anmerkung: Hat eine quadratische Funktion eine doppelte Nullstelle, so muss diese gleich dem Scheitelpunkt sein.

Beispiel: Zeichne den Graphen der quadratischen Funktion $f: \mathbb{R} \to \mathbb{R}: y = 0{,}5x^2 - x - 4$
Gib die Nullstellen und den Scheitel an!

Wertetabelle

x	y
–3	3,5
–2	0
–1	–2,5
0	–4
0,5	–4,4
1	–4,5
1,5	–4,4
2	–4
3	–2,5
4	0
5	3,5

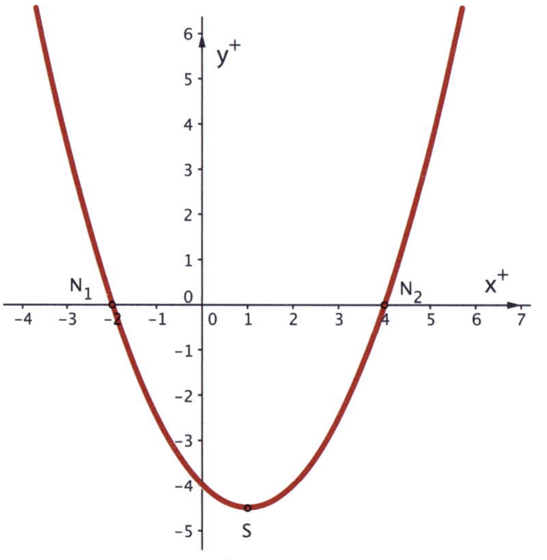

Aus der Wertetabelle kann man die Nullstellen ablesen: $N_1(-2/0)$ $N_2(4/0)$

Rechnerisch erhält man die Nullstellen, indem man die zugehörige quadratische Gleichung löst.

$0{,}5x^2 - x - 4 = 0$

$$x_{1,2} = \frac{1 \pm \sqrt{1 - 4 \cdot 0{,}5 \cdot (-4)}}{1} = \frac{1 \pm \sqrt{1 + 8}}{1} = 1 \pm 3$$

$x_1 = -2 \quad x_2 = 4 \Rightarrow N_1(-2/0) \quad N_2(4/0)$

Scheitel aus dem Graphen: S(1/–4,5)

Beispiel: Zeichne den Graphen der quadratischen Funktion $f: \mathbb{R} \to \mathbb{R}: y = -x^2 - 2x - 2$
Gib die Nullstellen und den Scheitel an!

Wertetabelle

x	y
–3	–5
–2	–2
–1,5	–1,3
–1	–1
–0,5	–1,3
0	–2
1	–5

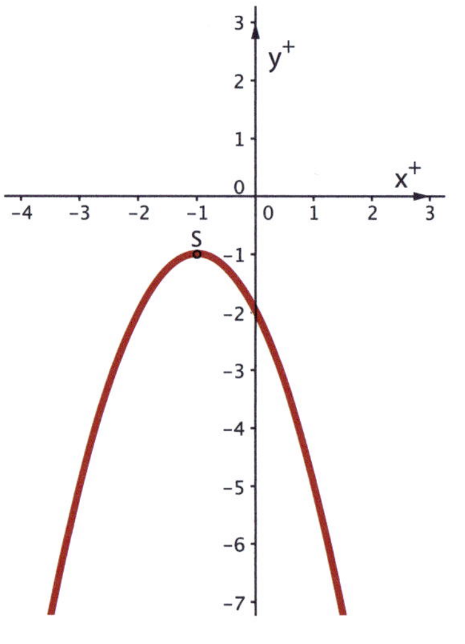

Man erkennt, dass es keine Nullstellen gibt.

Kontrolle durch Rechnung

$-x^2 - 2x - 2 = 0 \quad | \cdot (-1)$

$x^2 + 2x + 2 = 0$

$x_{1,2} = -1 \pm \sqrt{1 - 2}$ keine Lösung in $\mathbb{R}$, weil die Diskriminante < 0 ist.

Scheitel aus dem Graphen: S(–1/–1)

Beispiel: Zeichne den Graphen der quadratischen Funktion $f: \mathbb{R} \to \mathbb{R}: y = x^2 - 6x + 9$
Gib die Nullstellen und den Scheitel an!

Wertetabelle

x	y
0	9
1	4
2	1
3	0
4	1
5	4
6	9

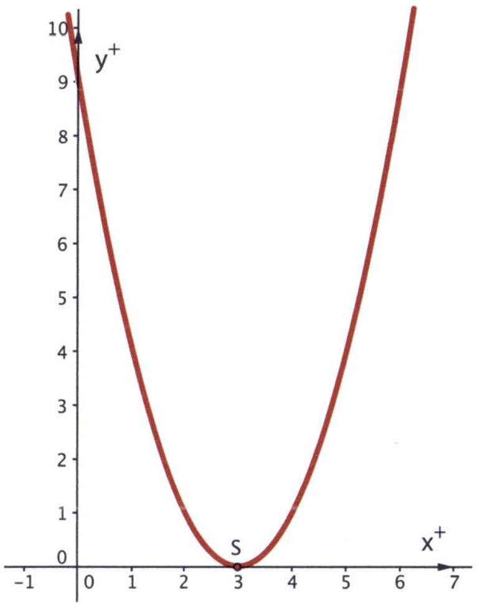

Man erkennt, dass es eine doppelte Nullstelle gibt: $N^{(2)}$ (3/0)

Kontrolle durch Rechnung

$x^2 - 6x + 9 = 0$

$x_{1,2} = 3 \pm \sqrt{9-9} = 3$ Die Diskriminante D = 0.

$x = 3^{(2)}$ doppelte Nullstelle $N^{(2)}$ (3/0)

Anmerkung: $x^2 - 6x + 9$ stellt das vollständiges Quadrat $(x - 3)^2$ dar. Liegt ein vollständiges Quadrat vor, so gibt es immer eine doppelte Nullstelle.
Scheitel aus dem Graphen: S(3/0)

Zusammenhang zwischen der Lösbarkeit einer quadratischen Gleichung und den Nullstellen des Graphen der zugehörigen quadratischen Funktion

Gleichung

$ax^2 + bx + c = 0$

a, b, c $\in \mathbb{R}$ mit $a \neq 0$

$x = \frac{-b \pm \sqrt{b^2 - 4ac}}{2a}$

$D = b^2 - 4ac$

Funktion

$f: \mathbb{R} \to \mathbb{R}: y = ax^2 + bx + c$

a, b, c $\in \mathbb{R}$ mit $a \neq 0$

(1) D > 0
2 verschiedene
reelle Lösungen x_1, x_2

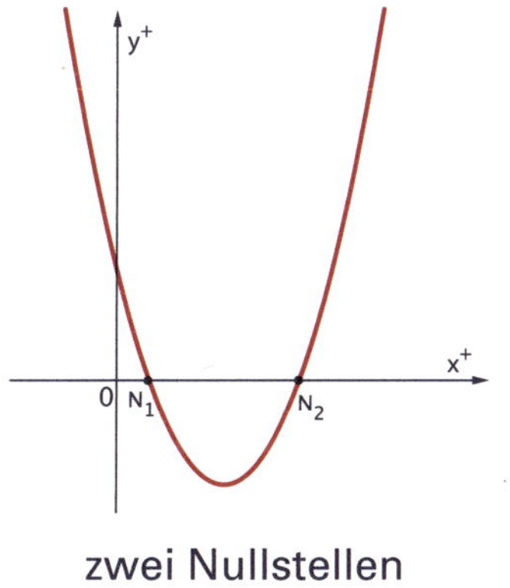

zwei Nullstellen

(2) D = 0
1 reelle
Doppellösung

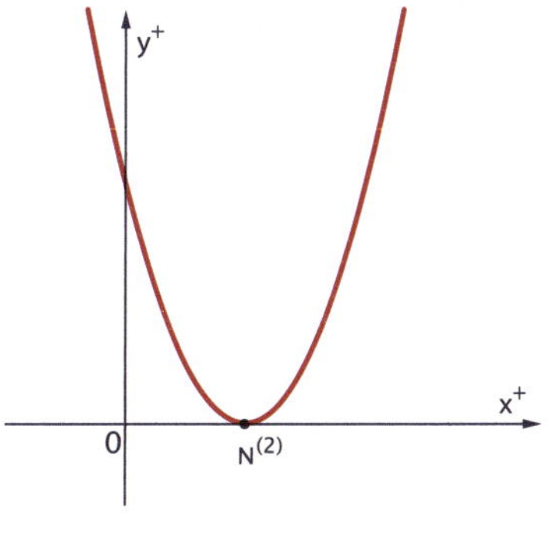

doppelte Nullstelle

(3) D < 0
keine reelle Lösung

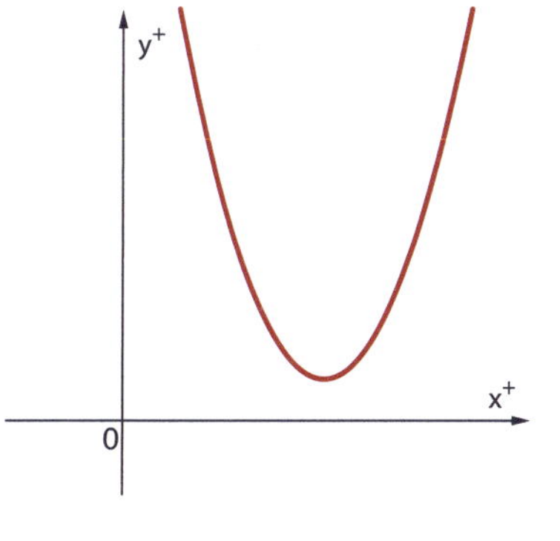

keine Nullstelle

Formeln als Funktionen

Beispiel: Stelle die Oberfläche eines Drehzylinders $O = 2r^2\pi + 2r\pi h$ in Abhängigkeit
(1) des Radius r
(2) der Höhe h dar.
Welche Funktionen liegen vor?

Wenn die Oberfläche des Drehzylinders nur von r abhängig ist, dann muss die Höhe h eine Konstante sein. In diesem Fall liegt eine quadratische Funktion in r vor.

$O = 2r^2\pi + 2r\pi h$
$f(r) = 2r^2\pi + 2r\pi h$
$f(r) = 2\pi \cdot r^2 + 2\pi h \cdot r$ Der Koeffizient von r^2 ist 2π, der von r ist $2\pi h$. Beide sind Konstante.

Wenn die Oberfläche des Drehzylinders nur von h abhängig ist, dann muss der Radius r eine Konstante sein. In diesem Fall liegt eine lineare Funktion in h vor.

$O = 2r^2\pi + 2r\pi h$
$f(r) = 2r^2\pi + 2r\pi h$
$f(r) = 2r\pi \cdot h + 2r^2\pi$ Der Koeffizient von h ist $2r\pi$ und entspricht dem Anstieg k der linearen Funktion, $2r^2\pi$ entspricht dem Wert für d.

Beachte: Der Funktionsterm gibt der Funktion den Namen:

$f(x) = ax + b$	linearer Funktionsterm $\Rightarrow$ lineare Funktion in x
$f(x) = ax^2 + bx + c$	quadratischer Funktionsterm $\Rightarrow$ quadratische Funktion in x
$f(x) = ax^3$	Funktionsterm dritten Grades $\Rightarrow$ Funktion dritten Grades in x
$f(x) = \frac{c}{x-a}$	Funktionsterm ist ein Bruch, bei dem die Variable im Nenner vorkommt. Solche Funktionen werden rationale Funktionen genannt.

Indirekt proportionaler Zusammenhang zwischen zwei Größen

Stehen zwei Größen x und y in einem **indirekt proportionalen Verhältnis**, so lässt sich dieser Zusammenhang durch die Funktion $y = \frac{c}{x}$ beschreiben. **c** heißt **Proportionalitätskonstante**.

Beispiel: Für eine Arbeit braucht ein Arbeiter 36 Stunden, zwei Arbeiter brauchen 36 : 2 = 18 Stunden, drei Arbeiter 36 : 3 = 12 Stunden …
x Arbeiter brauchen $36 : x = \frac{36}{x}$ Stunden.
Die Arbeitszeit und die Anzahl der Arbeiter stehen in einem indirekten Verhältnis:
Je mehr Arbeiter, desto kürzer die Arbeitszeit.
Setzt man für die Gesamtarbeitszeit den konstanten Faktor c, für die Anzahl der Arbeiter die Variable x und für die Arbeitszeit in Stunden y, so erhält man die Gleichung: $c = x \cdot y$ oder $y = \frac{c}{x}$, hier: $y = \frac{36}{x}$

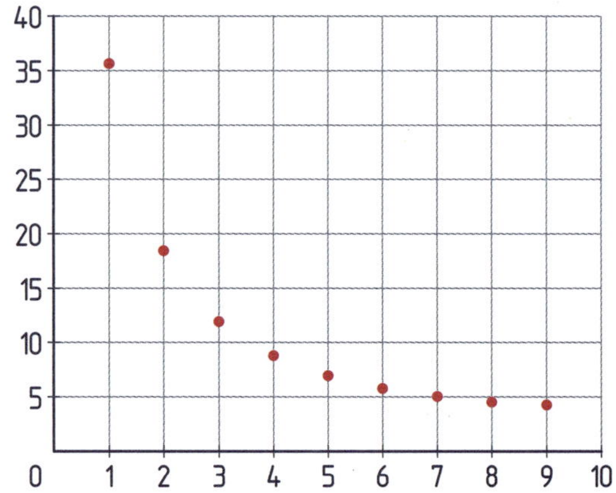

Wenn man bei Funktionen vom Typ $y = \frac{c}{x}$ als Definitionsmenge $\mathbb{R} \setminus \{0\}$ zulässt, ergibt sich nebenstehender Graph auf Seite 61 oben (z. B. für c = 2).

Die Funktion ist an der Stelle $x = 0$ nicht definiert. Die Funktion hat dort eine Unendlichkeitsstelle (= **Polstelle**).

Der Graph ist eine gleichseitige Hyperbel mit der x-Achse und der y-Achse als Asymptote, d. h. der Graph der Funktion nähert sich den beiden Achsen, ohne sie jemals zu berühren.

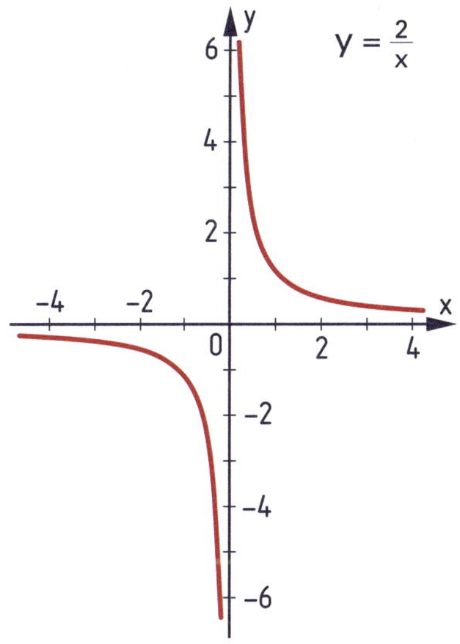

Funktionen vom Typ $y = a \cdot x^2$ bzw. $y = a \cdot x^3$

z. B.: $y = \frac{1}{2}x^2$

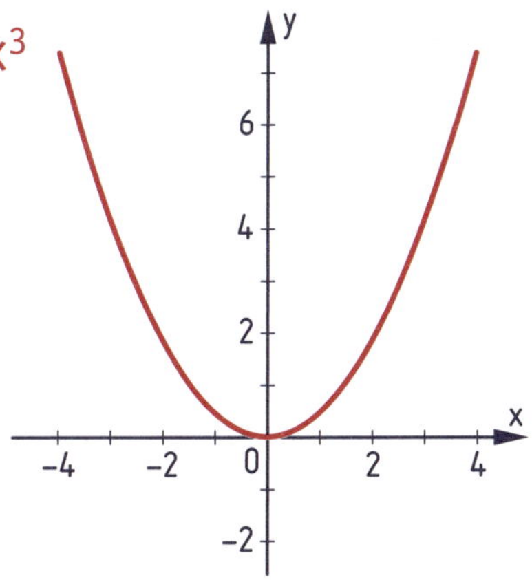

z. B.: $y = \frac{1}{4}x^3$

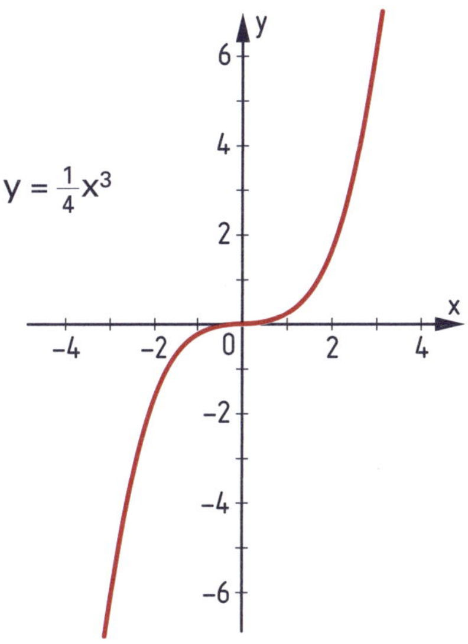

Funktionen vom Typ $y = \frac{c}{x - a}$, $y = \frac{c}{x^2}$, $y = \frac{c}{x^3}$

z. B.: $y = \frac{2}{x - 1}$

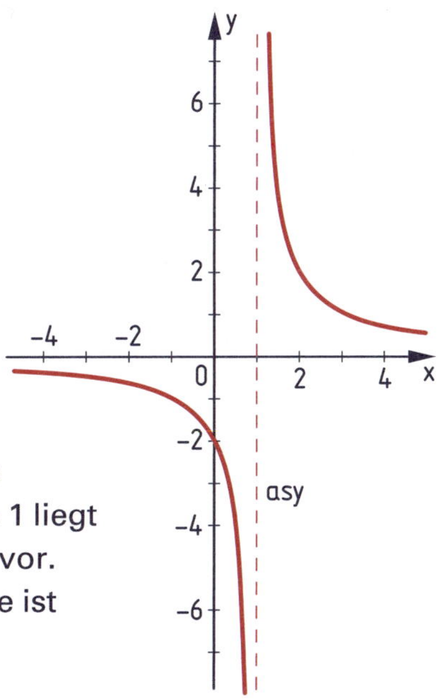

$x = 1$ … Polstelle
An der Stelle $x = 1$ liegt eine Asymptote vor. Auch die x-Achse ist Asymptote.

z. B.: $y = \frac{2}{x^2}$

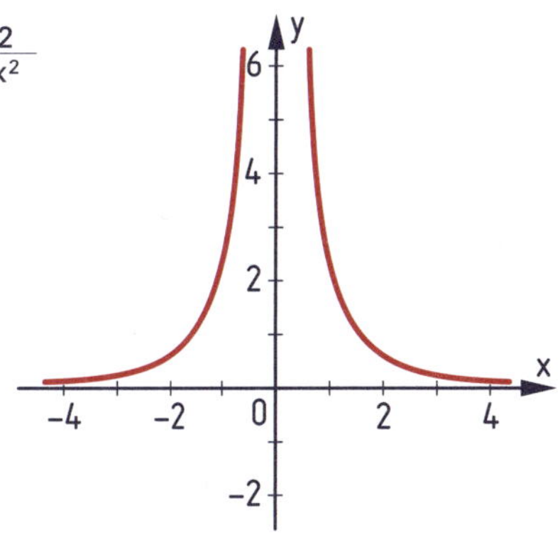

$x = 0$ … Polstelle
An der Stelle $x = 0$ liegt eine Asymptote vor. Auch die x-Achse ist Asymptote.

z. B.: $y = \frac{4}{x^3}$

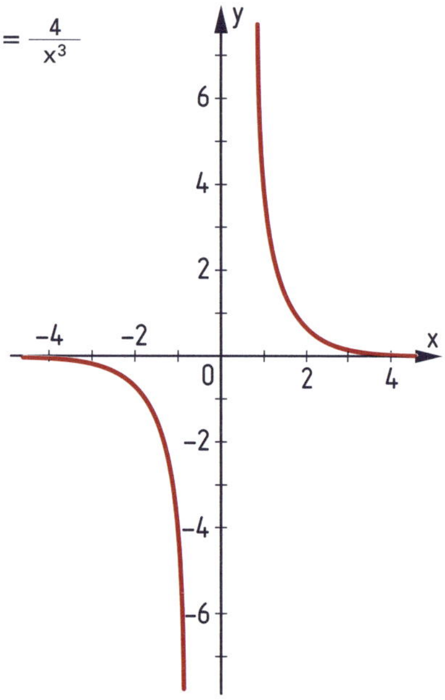

x = 0 … Polstelle
An der Stelle x = 0 liegt eine Asymptote vor. Auch die x-Achse ist Asymptote.

Funktionen

1 Zeichne den Graphen der reellen Funktion $y = x^3 - 3x + 2$ im angegeben Intervall [–3; +3] und gib das Monotonieverhalten an!

2 Zeichne den Graphen der reellen Funktion $f(x) = 2x^3 - 5x + 1$ im angegeben Intervall [–2,5; +2,5] und gib das Monotonieverhalten an!

3 Zeichne den Graphen der reellen Funktion $y = x^2 + 4x + 3$ im angegeben Intervall [–5; +2] und gib die Nullstellen an!

4 Zeichne den Graphen der reellen Funktion $y = x^2 - 1$ im angegeben Intervall [–3; +3] und gib die Nullstellen an!

5 Zeichne den Graphen der reellen Funktion $y = x^2 - 6x + 4$ im angegeben Intervall [–1; +6] und gib die Nullstellen an!

6 Zeichne den Graphen der reellen Funktion $y = x^2 + 2x + 3$ im angegeben Intervall [–4; +2]. Wieso gibt es bei dieser Funktion keine Nullstellen?

7 Zeichne den Graphen der reellen Funktion und gib eventuell auftretende Sprungstellen, Knickstellen oder Asymptoten an!

a) $y = |2x-3|$

b) $y = |x+1|$

8 Zeichne den Graphen der reellen Funktion und gib eventuell auftretende Sprungstellen, Knickstellen oder Asymptoten an!

a) $y = \text{sgn}(x - 2)$ **b)** $y = \text{sgn}(3x - 5)$

---

9 Zeichne den Graphen der reellen Funktion und gib eventuell auftretende Sprungstellen, Knickstellen oder Asymptoten an!

a) $y = \frac{10x}{2x^2 + 1}$ [−6; +6] **b)** $y = \frac{1}{3}x^3$ [−3; +3] **c)** $y = \frac{3}{x^3}$ [−4; +4]

---

10 Stelle das Volumen eines Drehkegels $V = \frac{r^2\pi h}{3}$ in Abhängigkeit (1) des Radius r (2) der Höhe h dar.
Welche Funktionen liegen vor?

Überprüfe dein Wissen!

- Was ist eine Funktion?
- Was versteht man unter der Wertemenge, Definitionsmenge?
- Welche Arten des Monotonieverhaltens einer Funktion gibt es, wie werden sie definiert?
- Was versteht man unter relativen Extremstellen?
- Erkläre den Unterschied zwischen relativem und absolutem Minimum bzw. relativem und absolutem Maximum!
- Wie kann man Funktionen darstellen?
- Was versteht man unter Nullstellen und wie kann man sie errechnen?
- Gib die Gleichung einer linearen Funktion an und benenne die vorkommenden Parameterwerte! Welche 3 Fälle von linearen Funktionen gibt es? Was ist der Graph?
- Welcher Parameterwert gibt die Steigung an? Wann steigt eine Gerade, wann fällt sie?
- Wie kann man die Steigung errechnen?
- Wann stehen 2 Größen in einem direkt proportionalen Verhältnis? Gib ein Beispiel für direkt proportionale Größen an!
- Gib die Definition an und skizziere den Graphen!
  a) Integerfunktion b) Signumfunktion c) Betragsfunktion
- Gib die Gleichung der quadratischen Funktion an!
- Welcher Zusammenhang besteht zwischen der Lösbarkeit einer quadratischen Gleichung und den Nullstellen des Graphen der zugehörigen quadratischen Funktion?
- Wann stehen 2 Größen in einem indirekt proportionalen Verhältnis? Gib ein Beispiel für indirekt proportionale Größen an!
- Welche Besonderheit hat eine rationale Funktion?

Wende dein Wissen an!

1 Welche Gleichung gehört zum Graphen?

a) $y = -3x + 2$ b) $y = x$ c) $y = 1{,}5x - 2$ d) $y = x - 4$

e) $y = 3x + 2$ f) $y = 2$ g) $y = -x$ h) $y = -2x$

(1)

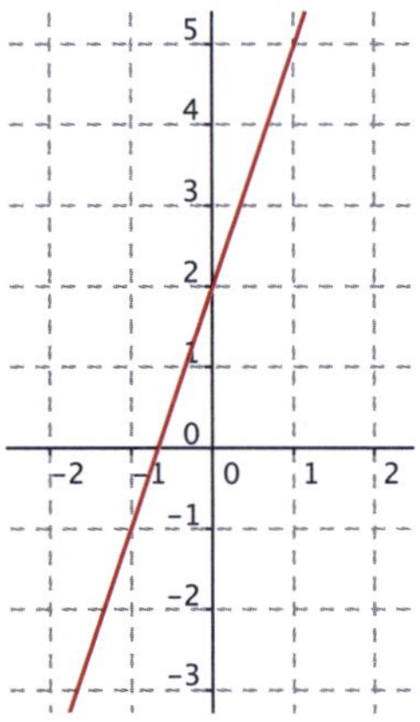

(2)

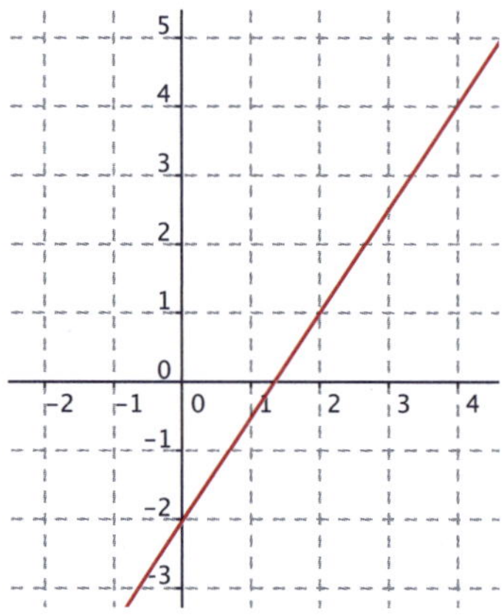

(3)

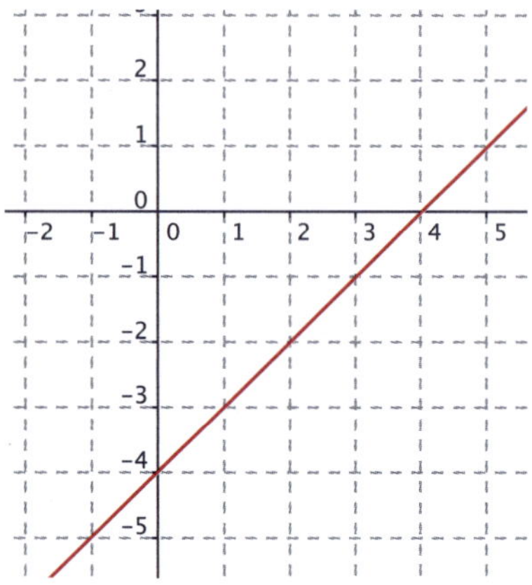

(4)

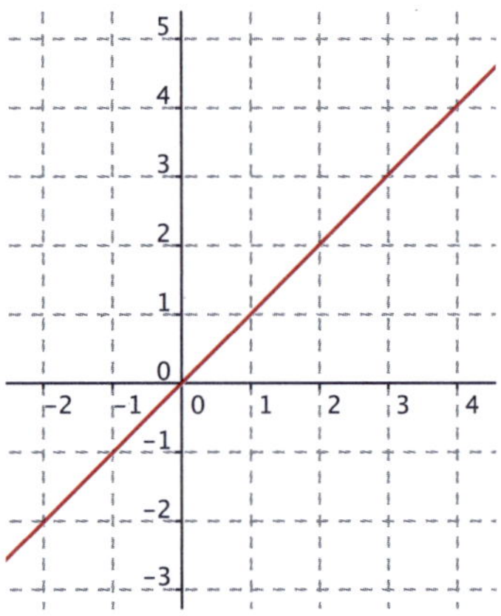

(5)

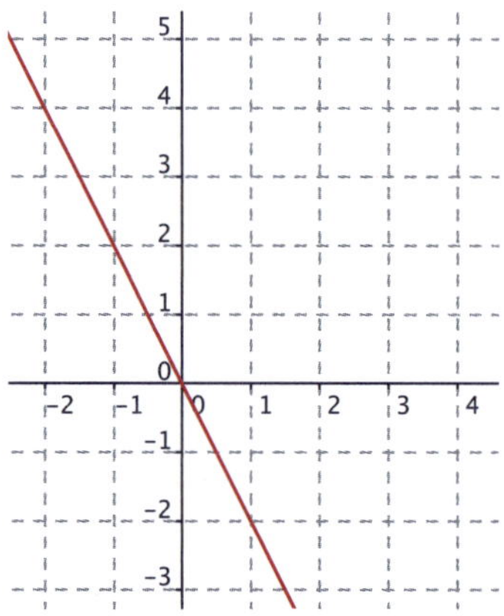

(6)

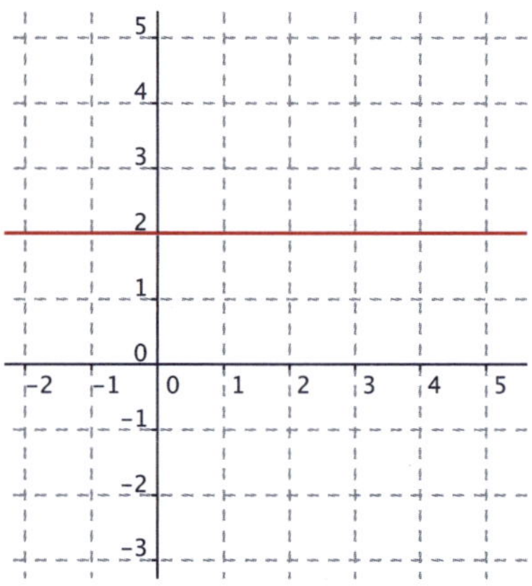

2 Zeichne die Graphen der Funktionen!

a) $y = x^2 - 2x + 3$ b) $y = x^2 - x - 6$ c) $y = x^2 - 6x + 9$

d) $y = -x^2 + 3x$ e) $y = \frac{1}{x - 3}$

Kreuze an!

(1) Nullstellen

	2 Nullstellen	1 Nullstelle	keine Nullstelle
a)	☐	☐	☐
b)	☐	☐	☐
c)	☐	☐	☐
d)	☐	☐	☐
e)	☐	☐	☐

(2) relative Extremstellen

	Hochpunkt	Tiefpunkt	keine relativen Extremstellen
a)	☐	☐	☐
b)	☐	☐	☐
c)	☐	☐	☐
d)	☐	☐	☐
e)	☐	☐	☐

(3) Gib das Monotonieverhalten in Intervallschreibweise an!

	streng monoton steigend	streng monoton fallend
a)	☐	☐
b)	☐	☐
c)	☐	☐
d)	☐	☐
e)	☐	☐

3 Ordne dem Graphen die Gleichung zu!

a)

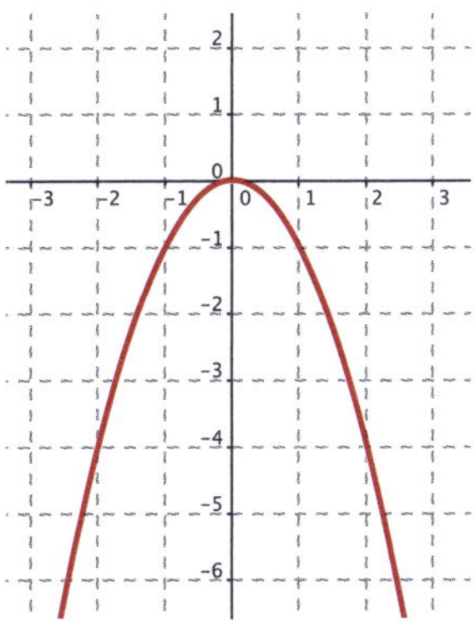

b)

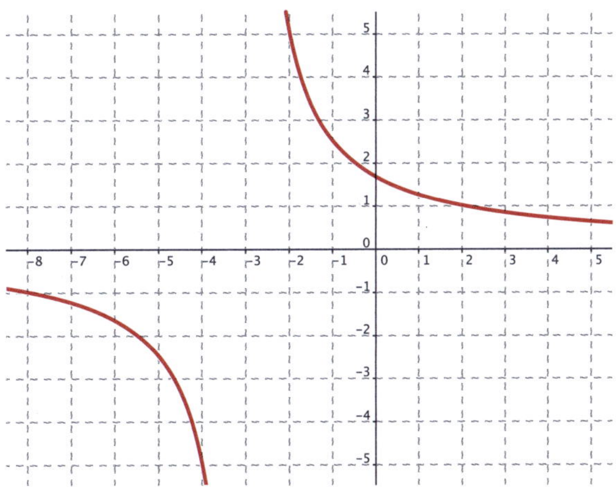

c)

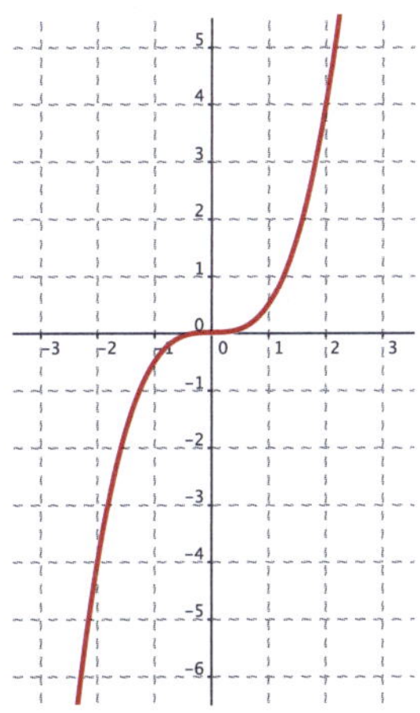

d)

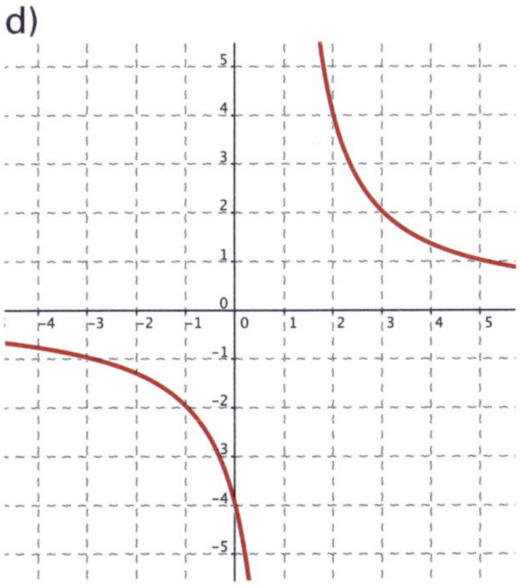

e)

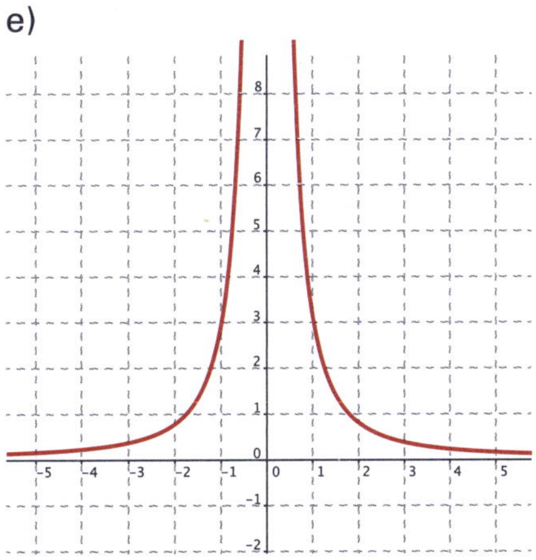

f)

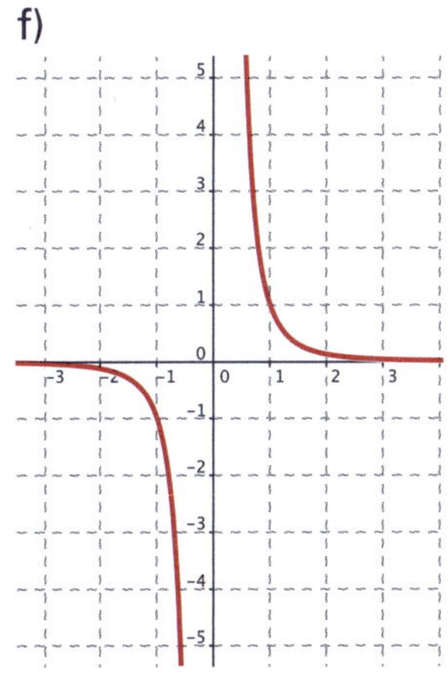

(1) $y = -x^2$ (2) $y = \frac{3}{x^2}$ (3) $y = \frac{4}{x - 1}$ (4) $y = \frac{1}{2}x^3$ (5) $y = \frac{5}{x + 3}$ (6) $y = \frac{1}{x^3}$

4 Welche Funktionen haben zwei, keine, eine doppelte Nullstelle?

	zwei Nullstellen	keine Nullstelle	eine doppelte Nullstelle
$y = x^2 + 6x + 9$	☐	☐	☐
$y = x^2 - 2x + 3$	☐	☐	☐
$y = x^2 + 3x$	☐	☐	☐
$y = (x - 2)^2$	☐	☐	☐
$y = -x^2 - 2x + 6$	☐	☐	☐
$y = -x^2$	☐	☐	☐

5 Welche Funktion liegt vor?

a) Mantelfläche eines Drehkegels $M = r\pi s$

(1) $f(r) = r\pi s$

(2) $f(s) = r\pi s$

b) Gleichförmige Bewegung $s = v \cdot t$

(1) $f(t) = \frac{s}{t}$

(2) $f(s) = \frac{s}{t}$

6 Wovon ist das Volumen $V = \frac{4r^3\pi}{3}$ einer Kugel abhängig?

Gib die zugehörige Funktionsgleichung an! Welche Funktion liegt vor?

7 Wovon ist die Oberfläche $O = 4r^2\pi$ einer Kugel abhängig?

Gib die zugehörige Funktionsgleichung an! Welche Funktion liegt vor?

8 Wovon kann das Volumen eines Drehzylinders $V = r^2\pi h$ abhängig sein?

Gib die entsprechende Funktion an! Welche liegt vor?

Lineare Gleichungen und Gleichungssysteme mit zwei Variablen

Lineare Gleichungen mit zwei Variablen

Eine lineare Gleichung der Form $ax + by = c$ mit $a, b, c \in \mathbb{R}$ (wobei a und b nicht zugleich Null sein dürfen) heißt **lineare Gleichung mit zwei Variablen x und y.**
Im Fall $c = 0$ heißt die Gleichung homogen, im Fall $c \neq 0$ inhomogen.

Die **Lösung** einer solchen Gleichung ist das **geordnete Zahlenpaar (x; y)**. Als Grundmenge muss daher eine Produktmenge gewählt werden. Meist wird als Grundmenge $G = \mathbb{R} \times \mathbb{R}$ gewählt. Statt $\mathbb{R} \times \mathbb{R}$ schreibt man oft kürzer $\mathbb{R}^2$.

Beispiel: Löse die Gleichung $2x + 3y = 6$ über der Grundmenge $G = \mathbb{R} \times \mathbb{R}$. Gib einige Zahlenpaare an, die die Gleichung zu einer wahren Aussage machen!

Man kann für das Lösen zum Beispiel einen x-Wert wählen und den zugeordneten (zugehörigen) y-Wert ausrechnen:

$x = 0 \rightarrow y = 2 \qquad x = 1 \rightarrow y = \frac{4}{3} \qquad x = -1 \rightarrow y = \frac{8}{3}$

Man tut sich leichter, wenn man die so genannte implizite Darstellung $2x + 3y = 6$ umformt:

$2x + 3y = 6 \quad | -2x$

$3y = -2x + 6 \quad | :3$

$y = -\frac{2}{3}x + 2$

Als Lösung der Gleichung treten unendlich viele Zahlenpaare auf, die Gesamtheit wird in der Lösungsmenge beschrieben:

$L = \left\{(x; y) \in \mathbb{R}x\mathbb{R} \mid y = -\frac{2}{3}x + 2\right\}$

Es ist auch möglich einen y-Wert vorzugeben und den zugehörigen x-Wert zu errechnen.
Es ist wieder günstig, die implizite Darstellung umzuformen:

$2x + 3y = 6 \quad | -3y$

$2x = -3y + 6 \quad | :2$

$x = -\frac{3}{2}y + 3$

$y = 0 \rightarrow x = 3 \quad y = 2 \rightarrow x = 0 \quad y = 4 \rightarrow x = -3$ usw.

$L = \left\{(x; y) \in \mathbb{R} \times \mathbb{R} \mid x = -\frac{3}{2}y + 3\right\}$

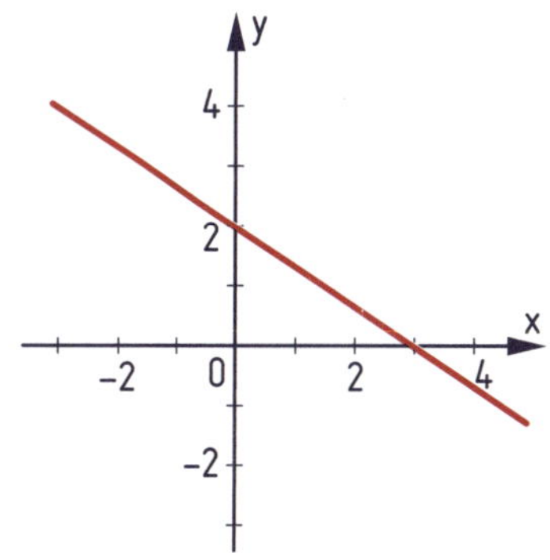

Wenn die Grundmenge $G = \mathbb{R} \times \mathbb{R} = \mathbb{R}^2$ ist,
dann stellt die Lösungsmenge eine Gerade dar.
Man kann diese Gerade mithilfe des Steigungsdreiecks aus der Darstellung $y = -\frac{2}{3}x + 2$ zeichnen.

Sonderfälle

In der Gleichung $ax + by = c$ ist einer der beiden Koeffizienten 0.

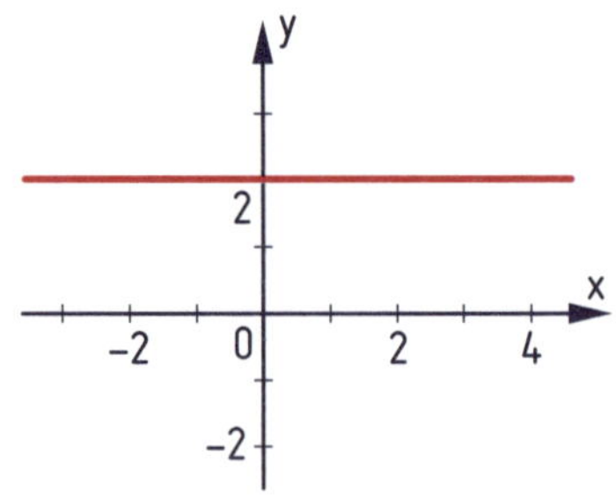

1) $a = 0$

z. B.: $0 \cdot x + 6y = 12$

$y = 2 \quad L = \{(x; y) \in \mathbb{R} \times \mathbb{R} \mid y = 2\}$

Egal welchen Wert man für x einsetzt, y ist immer 2.
→ Graph ist eine Parallele zur x-Achse im Abstand 2.

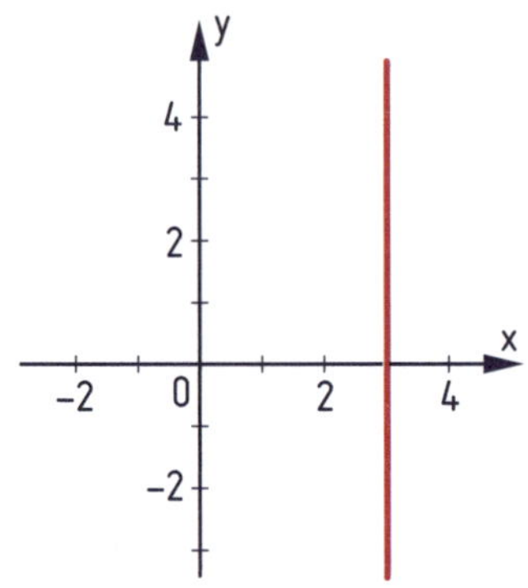

2) $b = 0$

z. B.: $5 \cdot x + 0 \cdot y = 15$

$x = 3 \quad L = \{(x; y) \in \mathbb{R} \times \mathbb{R} \mid x = 3\}$

Egal welchen Wert man für y einsetzt, x ist immer 3.
→ Graph ist eine Parallele zur y-Achse im Abstand 3.

$y = 0$ … Gleichung der x-Achse, $x = 0$ … Gleichung der y-Achse

Lineare Gleichungssysteme mit zwei Variablen

Die Konjunktion (UND-Verknüpfung) von zwei linearen Gleichungen mit zwei Variablen bildet ein lineares Gleichungssystem mit zwei Variablen.

I $a_1x + b_1y = c_1$ $\quad a_1, b_1, c_1 \in \mathbb{R}$, wobei a_1 und b_1 nicht zugleich Null sein dürfen

II $a_2x + b_2y = c_2$ $\quad a_2, b_2, c_2 \in \mathbb{R}$, wobei a_2 und b_2 nicht zugleich Null sein dürfen

Die Lösung eines solchen Gleichungssystem ist das geordnete Zahlenpaar $(x; y) \in G$, das beide Gleichungen erfüllt (zu einer wahren Aussage macht).
Als Grundmenge G kann wieder nur eine Produktmenge gewählt werden.

Beispiel: Gib die Lösung des Gleichungssystems über der Grundmenge $G = \mathbb{R} \times \mathbb{R}$ an!

I $\quad x + y = 3$

II $\quad 3x - y = 5$

Wenn man die Gleichungen I und II als Funktionsgleichungen zweier linearer Funktionen auffasst, so kann man diese Gleichungen durch zwei Geraden darstellen. Diese haben einen **Schnittpunkt S(x|y)**. Die Koordinaten dieses Schnittpunkts sind die Lösung des Gleichungssystems.

Forme zunächst nach y um und zeichne mithilfe des Steigungsdreiecks beide Geraden g_I und g_{II}.

1. Funktion (g_I)	2. Funktion (g_{II})
$x + y = 3$	$3x - y = 5$
$y = -x + 3$	$y = 3x - 5 \quad L = \{(2; 1)\}$

Probe:

I $\quad 2 + 1 = 3 \quad$ w. A.

II $\quad 3 \cdot 2 - 1 = 5 \quad$ w. A.

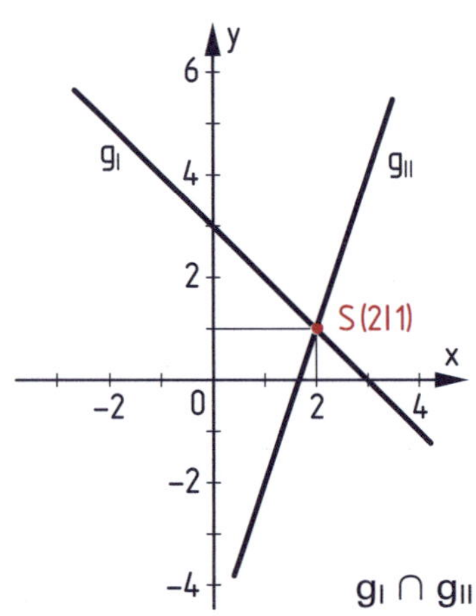

$g_I \cap g_{II} = \{S\}$

Beispiel: Gib die Lösung des Gleichungssystems über der Grundmenge $G = \mathbb{R} \times \mathbb{R}$ an.
Verwende das graphische Lösungsverfahren!

I $\quad 2x + y = -1$
II $\quad 4x + 2y = 3$

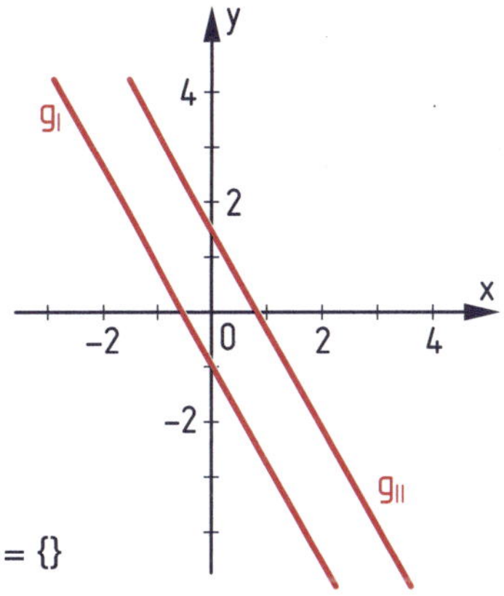

$g_I \parallel g_{II}$
$g_I \cap g_{II} = \{\}$

Verwandeln der Gleichung $2x + y = -1$ auf die Form $y = -2x - 1$
Die grafische Darstellung der Gleichung entspricht der allgemeinen linearen Funktion $y = kx + d$.
Man erkennt die Steigung $k = -2$,
der Abschnitt auf der y-Achse $d = -1$.

Für die Gleichung gilt:
$4x + 2y = 3 \Rightarrow y = -2x + 1{,}5$
$k = -2,\ d = 1{,}5$

Da bei beiden Geraden die Steigung gleich ist, die Werte für d aber verschieden sind, liegen die Geraden parallel.
Die beiden Geraden haben keinen Schnittpunkt, sie haben keinen Punkt gemeinsam, sie liegen parallel. Es gibt also kein Paar (x|y), das Lösung des Gleichungssystems ist.
$L = \{\ \}$

Beispiel: Gib die Lösung des Gleichungssystems über der Grundmenge $G = \mathbb{R} \times \mathbb{R}$ an.
Verwende das graphische Lösungsverfahren!

I $\quad 2x + 3y = 6 \quad \Rightarrow \quad y = -\frac{2}{3}x + 2$
II $\quad 4x + 6y = 12 \quad \Rightarrow \quad y = -\frac{2}{3}x + 2$

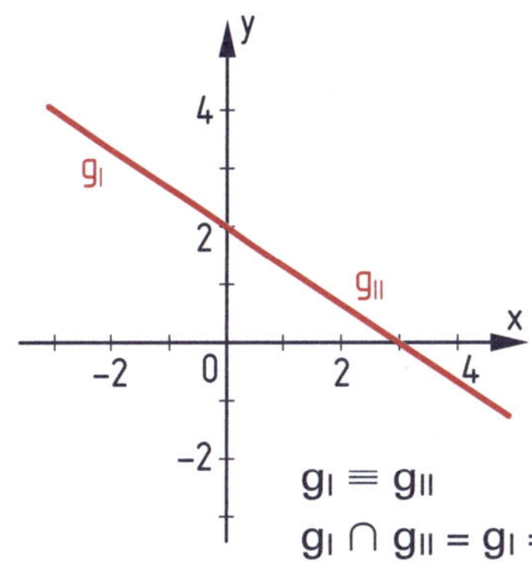

$g_I \equiv g_{II}$
$g_I \cap g_{II} = g_I = g_{II}$

Die beiden Geraden fallen zusammen, weil k und d gleich sind. Jedes Lösungspaar der einen Gleichung ist auch Lösungspaar der anderen Gleichung. Es gibt unendlich viele Lösungen, man beschreibt sie so wie bei der Lösung von nur einer Gleichung mit zwei Variablen.

$2x + 3y = 6 \rightarrow y = -\frac{2}{3}x + 2$
$L = \left\{(x; y) \in \mathbb{R} \times \mathbb{R} \mid y = -\frac{2}{3}x + 2\right\}$

Man kann bereits **aus der Angabe erkennen, welche Lösung** ein lineares Gleichungssystem mit zwei Variablen hat. Betrachte die Koeffizienten der Variablen a_1, b_1 und a_2, b_2 bzw. die Konstanten c_1, c_2 der beiden Gleichungen.

Ein lineares Gleichungssystem mit zwei Gleichungen und zwei Variablen ist
- **eindeutig lösbar**, wenn **(a_1, b_1)** und **(a_2, b_2) nicht proportional** sind.
- **unlösbar**, wenn **(a_1, b_1)** und **(a_2, b_2) proportional** aber **(a_1, b_1, c_1)** und **(a_2, b_2, c_2) nicht proportional** sind.
- **mehrdeutig lösbar**, wenn **(a_1, b_1, c_1)** und **(a_2, b_2, c_2) proportional** sind.

Rechnerische Lösungsverfahren

Gleichsetzmethode (Komparationsmethode)

Gib die Lösung des Gleichungssystems über der Grundmenge $G = \mathbb{R} \times \mathbb{R}$ an!

I $4x + y = 9$

II $y = 2x + 3$

Man kann aus beiden Gleichungen dieselbe Variable ausdrücken und dann gleichsetzen. In II ist y bereits ausgedrückt.

aus I: $y = -4x + 9$

$-4x + 9 = 2x + 3$ — Gleichsetzen der rechten Seiten

$-4x + 9 = 2x + 3 \quad | -2x - 9$ — x kann errechnet werden

$-6x = -6 \quad | :(-6)$

$x = 1$

Den Wert der zweiten Variablen kann man entweder aus I oder II berechnen.

aus II: $y = 2 \cdot 1 + 3$

$y = 5 \qquad L = \{(1; 5)\}$

Probe: Das Zahlenpaar (1; 5) muss beide Gleichungen erfüllen!

I: $4 \cdot 1 + 5 = 9$ w. A. II: $5 = 2 \cdot 1 + 3$ w. A.

Einsetzmethode (Substitutionsmethode)

Gib die Lösung des Gleichungssystems über der Grundmenge $G = \mathbb{R} \times \mathbb{R}$ an!

I $x + 9y = 39$

II $5x - 3y = 3$

Man kann aus einer der Gleichungen eine Variable ausdrücken und in die andere Gleichung einsetzen!

aus I: $x = 39 - 9y$

in II einsetzen:

$5 \cdot (39 - 9y) - 3y = 3$

$195 - 45y - 3y = 3$

$195 - 48y = 3 \quad | -195$

$-48y = -192 \quad | :(-48)$

$y = 4$

aus I: $x + 9y = 39$

$x + 9 \cdot 4 = 39$

$x + 36 = 39 \quad | -36$

$x = 3$

$L = \{(3; 4)\}$

Probe: Das Zahlenpaar (3; 4) muss beide Gleichungen erfüllen!

I: $3 + 9 \cdot 4 = 39$ II: $5 \cdot 3 - 3 \cdot 4 = 3$

I: $3 + 36 = 39$ w. A. II: $15 - 12 = 3$ w. A.

Additionsmethode (Gauss'sches Eliminationsverfahren)

Gib die Lösung des Gleichungssystems über der Grundmenge $G = \mathbb{R} \times \mathbb{R}$ an!

a) I $6x + 5y = 1$

II $4x + 7y = -3$

Beide Gleichungen werden so multipliziert, dass die Koeffizienten bei einer Variablen (z. B. x) **Gegenzahlen** werden. Bei Addition der beiden Gleichungen entsteht nur mehr eine Gleichung in der anderen Variable (z. B. y). Es wurde eine Variable entfernt (= eliminiert). Löst man diese Gleichung und setzt dann den berechneten Wert in eine der Gleichungen ein, erhält man den Wert der zweiten Variablen.

$$\begin{array}{lrl} \text{I} & 6x + 5y = 1 & | \cdot 4 \\ \text{II} & 4x + 7y = -3 & | \cdot (-6) \end{array}$$

Zum Beispiel sollen bei x Gegenzahlen entstehen.

$$\left.\begin{array}{lr} \text{I} & 24x + 20y = 4 \\ \text{II} & -24x - 42y = 18 \end{array}\right\} +$$

$$\begin{aligned} -22y &= 22 \\ y &= -1 \end{aligned}$$

aus I: $\begin{aligned} 6x + 5 \cdot (-1) &= 1 \\ 6x - 5 &= 1 \\ 6x &= 6 \\ x &= 1 \quad L = \{(1; -1)\} \end{aligned}$

Probe:

I: $\begin{aligned} 6 \cdot 1 + 5 \cdot (-1) &= 1 \\ 6 - 5 &= 1 \quad \text{w. A.} \end{aligned}$

II: $\begin{aligned} 4 \cdot 1 + 7 \cdot (-1) &= -3 \\ 4 - 7 &= -3 \quad \text{w. A.} \end{aligned}$

b) $\begin{array}{lr} \text{I} & 2x + y = 6 \\ \text{II} & 3x - y = 4 \end{array}$

Hier kann man sofort addieren, die Koeffizienten bei y sind Gegenzahlen: (+1) und (–1)

$$\begin{aligned} 5x &= 10 \\ x &= 2 \end{aligned}$$

aus I: $\begin{aligned} 2 \cdot 2 + y &= 6 \\ 4 + y &= 6 \rightarrow y = 2 \quad L = \{(2; 2)\} \end{aligned}$

Probe:

I: $\begin{aligned} 2 \cdot 2 + 2 &= 6 \\ 4 + 2 &= 6 \quad \text{w. A.} \end{aligned}$

II: $\begin{aligned} 3 \cdot 2 - 2 &= 4 \\ 6 - 2 &= 4 \quad \text{w. A.} \end{aligned}$

c) $\begin{array}{lrl} \text{I} & 2x + 5y = 1 & | \cdot 3 \\ \text{II} & 4x - 3y = 2 & | \cdot 5 \end{array}$

Hier kann man die Koeffizienten bei y zu Gegenzahlen machen. Es kommen bereits in der Angabe verschiedene Vorzeichen vor.

$$\left.\begin{array}{lr} \text{I} & 6x + 15y = 3 \\ \text{II} & 20x - 15y = 10 \end{array}\right\} +$$

$$\begin{aligned} 26x &= 13 \\ x &= \tfrac{1}{2} \end{aligned}$$

aus I: $\begin{aligned} 2 \cdot \tfrac{1}{2} + 5y &= 1 \\ 1 + 5y &= 1 \\ 5y &= 0 \rightarrow y = 0 \quad L = \left\{\left(\tfrac{1}{2}; 0\right)\right\} \end{aligned}$

Probe:

I: $\begin{aligned} 2 \cdot \tfrac{1}{2} + 5 \cdot 0 &= 1 \\ 1 + 0 &= 1 \quad \text{w. A.} \end{aligned}$

II: $\begin{aligned} 4 \cdot \tfrac{1}{2} - 3 \cdot 0 &= 2 \\ 2 - 0 &= 2 \quad \text{w. A.} \end{aligned}$

Gleichungssysteme mit Formvariablen

Ermittle jene Werte von a und b, für die das Gleichungssystem über der Grundmenge $G = \mathbb{R} \times \mathbb{R}$ eindeutig lösbar ist. Gib die Lösungsmenge in Abhängigkeit von a und b an!

$$\begin{array}{lrl} \text{I} & \frac{x}{a} + \frac{y}{b} = \frac{a^2 + b^2}{ab} & | \cdot ab \\ \text{II} & ax - by = a^2 + b^2 & \end{array}$$

„Bruchfreimachen" a und b dürfen nicht Null sein!

$$\begin{array}{lrl} \text{I} & x \cdot b + y \cdot a = a^2 + b^2 & | \cdot b \\ \text{II} & ax - by = a^2 + b^2 & | \cdot a \end{array}$$

Gegenzahlen bei y

$$\left.\begin{array}{lr} \text{I} & b^2x + aby = b \cdot (a^2 + b^2) \\ \text{II} & a^2x - aby = a \cdot (a^2 + b^2) \end{array}\right\} +$$

$$\begin{aligned} a^2x + b^2x &= a \cdot (a^2 + b^2) + b \cdot (a^2 + b^2) \\ x \cdot (a^2 + b^2) &= (a^2 + b^2) \cdot (a + b) \quad | : (a^2 + b^2) \\ x &= a + b \end{aligned}$$

aus II: $\begin{aligned} a \cdot (a + b) - by &= a^2 + b^2 \quad | -a \cdot (a + b) \\ -by &= a^2 + b^2 - a \cdot (a + b) \\ -by &= a^2 + b^2 - a^2 - ab \\ -by &= b^2 - ab \quad | \cdot (-1) \\ by &= ab - b^2 \quad | : b \\ y &= a - b \end{aligned}$

$L = \{(a + b; a - b)\}$ mit $a,b \in \mathbb{R}$ und a, b 0

Lineare Gleichungen und Gleichungssysteme mit zwei Variablen

1 Löse die Gleichung $3x + 4y = 12$ über der Grundmenge $G = \mathbb{R} \times \mathbb{R}$.
Gib einige Zahlenpaare an, die die Gleichung zu einer wahren Aussage machen!

---

2 Löse das Gleichungssystems über der Grundmenge $G = \mathbb{R} \times \mathbb{R}$ grafisch und rechnerisch!

a) I $x - y = 3$
II $3x + y = 5$

b) I $2x + 3y = 2$
II $x - 2y = 1$

---

3 Löse das Gleichungssystems über der Grundmenge $G = \mathbb{R} \times \mathbb{R}$ grafisch und rechnerisch!

a) I $x - y = 3$
II $3x - 3y = 5$

b) I $2x + y = 4$
II $3x + 1{,}5y = 6$

---

4 Ermittle die Lösungsmenge über $G = \mathbb{R} \times \mathbb{R}$ mithilfe der Substitutionsmethode!

a) I $x - y = -4$
II $y = 2x$

b) I $r = 23 - t$
II $r = t + 1$

c) I $y = x + 3$
II $3x + y = 11$

---

5 Ermittle die Lösungsmenge über $G = \mathbb{R} \times \mathbb{R}$!

a) I $5x + 2y = 14$
II $3x - 2y = 6$

b) I $8x + 15y = 29$
II $12x - 5y = 27$

---

6 Ermittle die Lösungsmenge über $G = \mathbb{R} \times \mathbb{R}$!

a) I $\frac{2x + 3y - 3}{4} - 24 = \frac{x - 4y}{2}$
II $\frac{2x - 3y + 5}{3} + 10 = \frac{3x + 2y - 2}{5}$

b) I $\frac{2x + 5}{3y} = \frac{2x}{3y - 2}$
II $\frac{3x}{6y - 7} = \frac{4x + 1}{8y - 9}$

c) I $\frac{4x}{5} + \frac{3y}{4} = 24$
II $\frac{6x - 7y}{25x - 24y} = \frac{22}{9}$

---

7 Ermittle jene Werte von a und b, für die das Gleichungssystem über der Grundmenge $G = \mathbb{R} \times \mathbb{R}$ eindeutig lösbar ist. Gib die Lösungsmenge in Abhängigkeit von a und b an!

a) I $x - y = a$
II $ax - by = a^2 + b^2$

b) I $a(x + a) - by = b^2$
II $b(x - a) - ay = -ab$

Textaufgaben

Bei Textaufgaben, die auf ein lineares Gleichungssystem führen, musst du ähnlich vorgehen wie bei Aufgaben, die auf Gleichungen in einer Variablen führen:

1. Wähle für die Unbekannten entsprechende Variablen.
2. Bringe den Text in eine mathematische Form, indem du alle im Text vorkommenden Größen durch die Variablen ausdrückst. Oft ist hier eine Tabelle hilfreich.
3. Stelle ein Gleichungssystem auf (Ansatz) und beachte dabei die möglichen Lösungen.
4. Löse das System, schreibe eine Antwort und führe eventuell eine Probe durch.

Wird eine natürliche Zahl um 4 vergrößert und eine andere um 4 verkleinert, wird das Produkt um 20 größer. Wird hingegen die erste um 9 verkleinert und die zweite um 15 vergrößert, bleibt das Produkt unverändert. Berechne die beiden Zahlen!

1. Gleichung:

1. Zahl: $x \in \mathbb{N}$ um 4 vergrößert: $x + 4$
2. Zahl: $y \in \mathbb{N}$ um 4 verkleinert: $y - 4$

Produkt der Zahlen: $x \cdot y$ das um 20 vergrößerte Produkt: $x \cdot y + 20$

I $(x + 4) \cdot (y - 4) = x \cdot y + 20$

2. Gleichung:

1. Zahl: x um 9 verkleinert: $x - 9$
2. Zahl: y um 15 vergrößert: $y + 15$

Produkt der Zahlen: $x \cdot y$

II $(x - 9) \cdot (y + 15) = x \cdot y$

Gleichungssystem:

$$\begin{array}{lrl} \text{I} & (x + 4) \cdot (y - 4) = x \cdot y + 20 & G = \mathbb{N} \times \mathbb{N} \\ \text{II} & (x - 9) \cdot (y + 15) = x \cdot y & \\ \hline \text{I} & x \cdot y + 4y - 4x - 16 = x \cdot y + 20 & | - x \cdot y \\ \text{II} & x \cdot y - 9y + 15x - 135 = x \cdot y & | - x \cdot y \\ \hline \text{I} & -4x + 4y - 16 = 20 & \\ \text{II} & 15x - 9y - 135 = 0 & \\ \hline \text{I} & -4x + 4y = 36 & | \cdot 15 \\ \text{II} & 15x - 9y = 135 & | \cdot 4 \\ \hline \text{I} & -60x + 60y = 540 & \\ \text{II} & 60x - 36y = 540 & + \\ \hline & 24y = 1\,080 & \\ & y = 45 & \end{array}$$

aus I:

$$-4x + 4 \cdot 45 = 36$$
$$-4x + 180 = 36$$
$$-4x = -144$$
$$x = 36$$

Die beiden Zahlen lauten 36 und 45.

Probe:

$36 + 4 = 40$	ursprüngliches Produkt: $36 \cdot 45 = 1\,620$	
$45 - 4 = 41$	neues Produkt: $40 \cdot 41 = 1\,640$	ist um 20 größer
$36 - 9 = 27$		
$45 + 15 = 60$	neues Produkt: $27 \cdot 60 = 1\,620$	bleibt unverändert

Zwei Arbeiter sollen gemeinsam eine Arbeit erledigen. Wenn beide daran arbeiten, brauchen sie $6\frac{2}{3}$ Tage. Arbeitet der erste Arbeiter nur 5 und der zweite Arbeiter nur 4 Tage, werden nur $\frac{2}{3}$ der Arbeit fertig. Wie viele Tage würde jeder Arbeiter alleine für die Arbeit brauchen?

1. Arbeiter: x Tage für die ganze Arbeit; an einem Tag $\frac{1}{x}$ der Arbeit

2. Arbeiter: y Tage für die ganze Arbeit; an einem Tag $\frac{1}{y}$ der Arbeit

1. Gleichung: zusammen $6\frac{2}{3}$ Tage für die gesamte Arbeit

$$\frac{1}{x} \cdot 6\frac{2}{3} + \frac{1}{y} \cdot 6\frac{2}{3} = 1$$

2. Gleichung: 1. Arbeiter 5 Tage, 2. Arbeiter 4 Tage für $\frac{2}{3}$ der Arbeit

$$\frac{1}{x} \cdot 5 + \frac{1}{y} \cdot 4 = \frac{2}{3}$$

Gleichungssystem:

$$\begin{array}{ll} \text{I} & \frac{1}{x} \cdot 6\frac{2}{3} + \frac{1}{y} \cdot 6\frac{2}{3} = 1 \\ \text{II} & \frac{1}{x} \cdot 5 + \frac{1}{y} \cdot 4 = \frac{2}{3} \end{array}$$

Um das System zu lösen, setze für $\frac{1}{x} = u$ und für $\frac{1}{y} = v$.

$$\begin{array}{lll} \text{I} & u \cdot \frac{20}{3} + v \cdot \frac{20}{3} = 1 & | \cdot 3 \\ \text{II} & u \cdot 5 + v \cdot 4 = \frac{2}{3} & | \cdot 3 \end{array}$$

$$\begin{array}{lll} \text{I} & 20u + 20v = 3 & | \cdot 3 \\ \text{II} & 15u + 12v = 2 & | \cdot (-4) \end{array}$$

$$\left.\begin{array}{ll} \text{I} & 60u + 60v = 9 \\ \text{II} & -60u - 48v = -8 \end{array}\right\} +$$

$$12v = 1$$

$$v = \frac{1}{12}$$

aus II: $15u + 12 \cdot \frac{1}{12} = 2$

$$15u + 1 = 2$$

$$15u = 1$$

$$u = \frac{1}{15}$$

Berechnen von x und y:

$\frac{1}{x} = \frac{1}{15} \rightarrow x = 15$ $\quad \frac{1}{y} = \frac{1}{12} \rightarrow y = 12$

Der erste Arbeiter würde für die Arbeit alleine 15 Tage, der zweite 12 Tage brauchen.

Probe:

Zusammen: $\frac{1}{12} \cdot 6\frac{2}{3} + \frac{1}{12} \cdot 6\frac{2}{3} = 1$

$$6\frac{2}{3} \cdot \left(\frac{1}{15} + \frac{1}{12}\right) = 1$$

$$\frac{20}{3} \cdot \frac{4+5}{60} = 1$$

$$\frac{20}{3} \cdot \frac{9}{60} = 1$$

$$\frac{180}{180} = 1 \quad \text{w. A.}$$

Verschiedene Arbeitszeiten: $\frac{1}{15} \cdot 5 + \frac{1}{12} \cdot 4 = \frac{2}{3}$

$$\frac{5}{15} + \frac{4}{12} = \frac{2}{3}$$

$$\frac{1}{3} + \frac{1}{3} = \frac{2}{3}$$

w. A.

Zwei Radfahrer R_1 und R_2 fahren von zwei Orten A und B, die 2 000 m voneinander entfernt sind, in dieselbe Richtung. Bei gleichzeitiger Abfahrt holt der Radfahrer R_1 den Radfahrer R_2 nach 50 Minuten ein. Fährt jedoch R_2 um 5 Minuten früher weg, holt ihn R_1 erst 75 Minuten nach Abfahrt ein. Mit welcher Geschwindigkeit (m pro Minute) fährt jeder Radfahrer?

$s = v \cdot t$

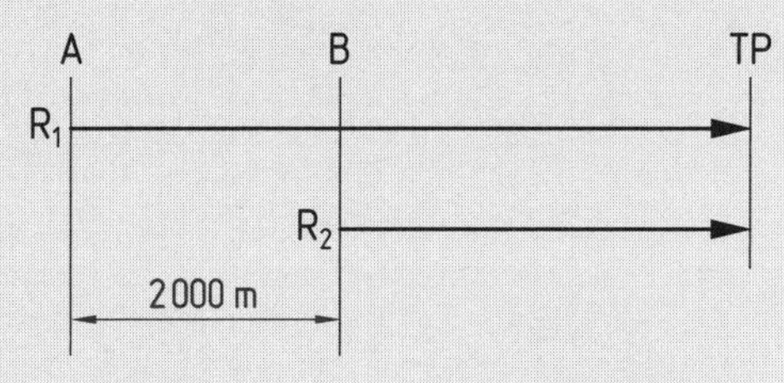

Geschwindigkeit von R_1: x m/min
Geschwindigkeit von R_2: y m/min

Für die Gleichungen gilt:
Die Differenz des Weges von R_1 bzw. R_2 ist 2 000 m.

1. Gleichung:
   Bis zum Treffpunkt TP sind beide 50 Minuten unterwegs:
   I $\quad 50 \cdot x - 50 \cdot y = 2\,000$

2. Gleichung:
   Bis zum Treffpunkt TP ist R_2 80 Minuten unterwegs (er fährt 5 Minuten früher weg), R_1 nur 75 Minuten:
   II $\quad 75 \cdot x - 80 \cdot y = 2\,000$

Gleichungssystem:

$$\begin{array}{lrl} \text{I} & 50 \cdot x - 50 \cdot y = 2\,000 & |:50 \\ \text{II} & 75 \cdot x - 80 \cdot y = 2\,000 & |:5 \\ \hline \text{I} & x - y = 40 & |\cdot(-15) \\ \text{II} & 15 \cdot x - 16 \cdot y = 400 & \\ \hline \text{I} & -15 \cdot x + 15 \cdot y = -600 & \rbrace + \\ \text{II} & 15 \cdot x - 16 \cdot y = 400 & \\ \hline & -y = -200 & \\ & y = 200 & \end{array}$$

aus I: $\quad x - 200 = 40$
$\qquad\qquad x = 240$

Der erste Radfahrer fährt mit einer Geschwindigkeit von 240 m/min, der zweite mit 200 m/min.

Probe:

R_1: 240 m · 50 = 12 000 m
R_2: 200 m · 50 = 10 000 m
Unterschied: 2 000 m

R_1: 240 m · 75 = 18 000 m
R_2: 200 m · 80 = 16 000 m
Unterschied: 2 000 m

Zwei Sorten Essigsäure werden gemischt. Mischt man 6 Liter der ersten Sorte mit 18 Liter der zweiten Sorte, so erhält man eine 60 %ige Essigsäure. Mischt man aber zu 9 Liter der ersten Sorte 18 Liter der zweiten Sorte, erhält man eine Mischung von 63 %iger Essigsäure. Welchen Prozentgehalt (Säuregehalt) haben beide Sorten?

Säuregehalt der 1. Sorte: x
Säuregehalt der 2. Sorte: y

	Menge in l	Säuregehalt	reine Säure	Menge in l	Säuregehalt	reine Säure
1. Sorte	6	$\frac{x}{100}$	$\frac{x}{100} \cdot 6$	9	$\frac{x}{100}$	$\frac{x}{100} \cdot 9$
2. Sorte	18	$\frac{y}{100}$	$\frac{y}{100} \cdot 18$	18	$\frac{y}{100}$	$\frac{y}{100} \cdot 18$
Mischung	24	$\frac{60}{100}$	$\frac{60}{100} \cdot 24$	27	$\frac{63}{100}$	$\frac{63}{100} \cdot 27$

Gleichungssystem:

I $\frac{x}{100} \cdot 6 + \frac{y}{100} \cdot 18 = \frac{60}{100} \cdot 24 \quad | \cdot 100$

II $\frac{x}{100} \cdot 9 + \frac{y}{100} \cdot 18 = \frac{63}{100} \cdot 27 \quad | \cdot 100$

I $6x + 18y = 60 \cdot 24 \quad | \cdot (-1)$

II $9x + 18y = 63 \cdot 27$

I $-6x - 18y = -1\,440$

II $9x + 18y = 1\,701$ (+)

$3x = 261$

$x = 87$

aus I: $6 \cdot 87 + 18y = 1\,440$

$522 + 18y = 1\,440 \quad | -522$

$18y = 918 \quad | : 18$

$y = 51$

Die 1. Sorte hat 87 %, die 2. Sorte 51 % Säuregehalt.

Probe:

Mischung 1: $6 \cdot 0{,}87 + 18 \cdot 0{,}51 = 24 \cdot 0{,}60$

$5{,}22 + 9{,}18 = 14{,}4$

$14{,}4 = 14{,}4$ w. A.

Mischung 2: $9 \cdot 0{,}87 + 18 \cdot 0{,}51 = 27 \cdot 0{,}63$

$7{,}83 + 9{,}18 = 17{,}01$

$17{,}01 = 17{,}01$ w. A.

Textaufgaben

1 Dividiert man eine Zahl durch 6 und eine zweite durch 5, so ist die Summe der Quotienten 52. Dividiert man aber die erste durch 8 und die zweite durch 12, so ist die Summe der Quotienten 31. Wie lauten die beiden Zahlen?

2 Vertauscht man in einer zweistelligen Zahl mit der Ziffernsumme 13 die beiden Ziffern, so erhält man eine um 45 größere Zahl. Wie lautet die Zahl?

3 Vermehrt man eine zweiziffrige Zahl um 8, erhält man das 15fache der Zehnerziffer. Vermehrt man die Zahl um das 12fache der Zehnerziffer, erhält man die Zahl mit Ziffern in umgekehrter Reihenfolge. Wie lautet die Zahl?

4 Der Altersunterschied zweier Brüder beträgt 2 Jahre. Vor 10 Jahren war der jüngere halb so alt wie der ältere. Wie alt sind die beiden Brüder heute?

5 Eine Arbeit wird von zwei Arbeitern in $4\frac{4}{5}$ Tagen erledigt. Arbeitet der erste Arbeiter zunächst 4 Tage alleine, brauchen beide bis zur Fertigstellung der Arbeit $2\frac{2}{5}$ Tage.
Wie lange braucht jeder alleine?

6 Zwei Arbeiter A und B können eine Arbeit in 2 Tagen zur Hälfte erledigen. Arbeitet A zunächst einen Tag allein und dann mit B gemeinsam zwei weitere Tage, so werden $\frac{2}{3}$ der Arbeit fertig gestellt. Wie lange braucht jeder einzeln für die ganze Arbeit?

7 Wegen einer Baustelle muss ein Zug seine Geschwindigkeit zwischen den Orten A und B um 6 km/h verringern und kommt um 30 Minuten verspätet an. Einige Monate später kann der Lokführer aufgrund von neuem Zugsmaterial die ursprüngliche fahrplanmäßige Geschwindigkeit um 6 km/h erhöhen und kommt deshalb 25 Minuten früher als im Fahrplan ausgewiesen an.
Welche ursprüngliche fahrplanmäßige Geschwindigkeit hat der Zug?
Wie groß ist die Entfernung der beiden Orte A und B?

8 Mischt ein Kaufmann 8 kg teuren Kaffee mit 12 kg einer billigeren Sorte, kann er das Kilo um 6,48 € verkaufen. Mischt er aber umgekehrt 8 kg der billigeren Sorte mit 12 kg der teureren, so muss er das Kilo um 6,72 € verkaufen.Wie hoch ist der Kilopreis jeder Sorte?

9 Zwei Wanderer W_1 und W_2 gehen von zwei Orten A und B, die 36 km voneinander entfernt sind, aufeinander zu. W_1 legt pro Stunde 5 km zurück, W_2 nur 4 km. Nach wie vielen Stunden und in welcher Entfernung von Ort A treffen einander die beiden Wanderer?

---

10 Ein Personenzug fährt um 14:30 Uhr und ein Eilzug um 14:50 Uhr von A nach dem 256 km entfernten Ort B ab. Um 15:00 Uhr ist der Personenzug noch 6 km vor dem Eilzug. Um 16:00 Uhr ist der Personenzug bereits 22 km hinter dem Eilzug. Berechne die Auskunftszeiten der beiden Züge in Ort B!

---

11 Es werden zwei verschiedene Sorten Alkohol gemischt. Nimmt man 21 Liter der Sorte A und 12 Liter der Sorte B, so erhält man einen 34%igen Alkohol.
Mischt man aber 4 Liter der Sorte A mit 7 Liter der Sorte B, erhält man einen 43%igen Alkohol.
Berechne den Alkoholgehalt der beiden Sorten!

---

12 Es werden zwei verschiedene Sorten Messing zusammengeschmolzen. Die Sorte A enthält 15% Kupfer, die Sorte B 85% Kupfer. Berechne, wie viel man von jeder Sorte nehmen muss, um 42 kg Messing mit 70% Kupfergehalt zu erhalten!
Beachte: Messing ist eine Legierung aus Kupfer und Zink.

---

13 Verkürzt man die Länge eines Rechtecks um 3 cm und verlängert die zweite Seite um 2 cm, nimmt der Flächeninhalt um 6 cm^2 ab. Vergrößert man aber die Länge um 2 cm und verkürzt die zweite Seite um 1 cm, nimmt der Flächeninhalt um 3 cm^2 zu.
Berechne die Seitenlängen des ursprünglichen Rechtecks!

---

14 Ein Radfahrer fährt um 8:00 Uhr mit seinem Fahrrad von Ort A in den 15 km entfernten Ort B. Er ist mit einer Geschwindigkeit von 12 km/h unterwegs. Eine halbe Stunde später fährt ihm ein zweiter Radfahrer mit 24 km/h nach. Berechne, ob der zweite Radfahrer den ersten noch einholen kann!

---

15 Vergrößert man die Länge eines Rechtecks um 2 cm und verkürzt die zweite Seite um 3 cm, so nimmt der Flächeninhalt um 46 cm^2 ab. Verkürzt man aber die Länge um 5 cm und verlängert die zweite Seite um 3 cm, so nimmt der Flächeninhalt um 5 cm^2 ab. Berechne die Seitenlängen des ursprünglichen Rechtecks!

---

16 Ein Silberschmied hat für eine Mischung zwei Sorten Silber zur Verfügung. Die Sorte A hat einen Feingehalt von 0,835 und die Sorte B einen Feingehalt von 0,925.
Der Silberschmied möchte 450 g einer Silberlegierung vom Feingehalt 0,900 erzeugen.
Wie viel g muss er von jeder Sorte nehmen?

Überprüfe dein Wissen!

- ☞ Gib die allgemeine Form einer linearen Gleichung mit 2 Variablen an!
- ☞ Woraus besteht die Lösungsmenge einer Gleichung mit 2 Variablen?
- ☞ Welche Gleichung hat die x-Achse, welche die y-Achse?
- ☞ Durch welche Verknüpfung sind bei einem linearen Gleichungssystem mit 2 Variablen die beiden Gleichungen verbunden?
- ☞ Nenne die Lösungsmethoden, mit denen ein Gleichungssystem mit 2 Variablen gelöst werden kann!
- ☞ Wann ist ein lineares Gleichungssystem mit 2 Variablen

  a) eindeutig lösbar b) mehrdeutig lösbar c) unlösbar?

Wende dein Wissen an!

1 Ermittle die fehlenden Koordinaten so, dass das Zahlenpaar Lösung der Gleichung $3x - y = 5$ ist!

a) $(5; y)$ b) $(x; -3)$ c) $(-1; y)$ d) $(x; 7)$

2 Bestimme jeweils die fehlende Größe so, dass das angegebene Zahlenpaar Lösung der Gleichung ist!

a) $2x - 3y = c \quad (2; 1)$ b) $3x + by = 11 \quad (2; 5)$ c) $ax + \frac{y}{2} = -2 \quad (-1; 2)$

3 Was kann man über die Lösungen der Gleichung $x - y = 0$ aussagen?

4 Welche Lösung(en) passen zu welchen Gleichungen?

	(1; 2)	(–2; 3)	(4; 8)	keine
$3x + 4y = 11$	☐	☐	☐	☐
$2x + y = -1$	☐	☐	☐	☐
$x + 5y = 11$	☐	☐	☐	☐
$x - 2y = 0$	☐	☐	☐	☐
$y = 2x$	☐	☐	☐	☐

5 Richtig oder falsch?

a) Wenn in der Gleichung $ax + by = c$ der Wert für $a = 0$ ist, dann liegen alle Lösungen auf einer Parallelen zur x-Achse.

b) Wenn in der Gleichung $ax + by = c$ der Wert für $b = 0$ ist, dann liegen alle Lösungen auf einer Parallelen zur x-Achse.

c) Die Lösungsmenge einer linearen Gleichung $ax + by = c$ mit $a, b, c \in \mathbb{R}$ besteht aus unendlich vielen Zahlenpaaren.

6 Bestimme die Konstante c so, dass das Gleichungssystem

I $2x - 6y = 5$

II $-x + 3y = c$

a) keine Lösung   b) genau 1 Lösung   c) unendlich viele Lösungen hat

7 Zwei Geraden, die dieselbe Steigung haben,

☐ fallen zusammen   ☐ schneiden einander   ☐ sind parallel

8 Welche der Lösungsmethoden ist am sinnvollsten? Setze die entsprechende Zahl ein!

(1) Einsetzmethode   (2) Gleichsetzmethode   (3) Additionsmethode

I $2x - 3y = 5$ II $y = x + 2$		I $x - 2y = -3$ II $x + y = 5$		I $2x = 5y - 6$ II $2x = -2y + 3$
I $y = 2x - 7$ II $2x + 3 = y$		I $x = 4y + 3$ II $2x - 3y = 5$		I $3x + 4y = 6$ II $2x - 2y = -5$

9 Kreuze an!

	1 Lösung	keine Lösung	unendlich viele Lösungen
I $2x - 8y = 6$ II $-x + 4y = -3$	☐	☐	☐
I $3x + y = 5$ II $2x - y = -1$	☐	☐	☐
I $x + y = 5$ II $y = x - 5$	☐	☐	☐
I $3x + 2y = -5$ II $y = -1{,}5x - 3$	☐	☐	☐

Trigonometrie

Winkelmessung

a) Gradmaß

Als Einheit für die Gradmessung dient der rechte Winkel.

Man definiert: Grad $1° = \frac{1}{90}$ des rechten Winkels

Minuten $1' = \frac{1}{60}°$ bzw. $1° = 60'$

Sekunden $1'' = \frac{1}{60}' = \frac{1}{3\,600}°$ bzw. $1' = 60''$ $1° = 3\,600''$

Auf dem **TR** können mehrere Maßeinheiten für die Winkelmessung verwendet werden.
Das **Gradmaß** wird meist mit **DEG (Degree)** abgekürzt.

Umwandlung von Winkeln in Dezimalgrade

$27°15' = 27° + 15 \cdot \frac{1}{60}° = 27° + \frac{15°}{60} = 27° + 0{,}25° = 27{,}25°$

$228°24'12'' = 228° + 24 \cdot \frac{1}{60}° + 12 \cdot \frac{1}{3\,600}° = 228{,}40\dot{3}°$

Umwandlung von Winkeln, die in Dezimalgraden gegeben sind, in Grad, Minuten und Sekunden

$123{,}35° = 123° + 0{,}35° = 123° + 0{,}35 \cdot 60' = 123° + 21'$

$0{,}35° = 0{,}35 \cdot 60' = 21'$

$123{,}35° = 123°21'$

Da Winkel durch eine Drehung entstehen, unterscheidet man:

Drehung gegen den Uhrzeigersinn

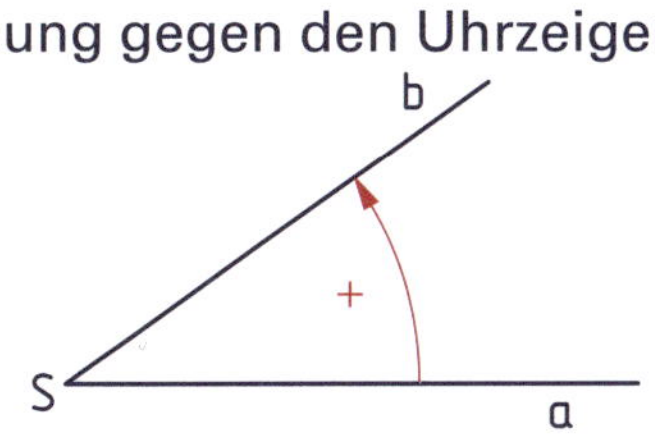

mathematisch **positive** Richtung

Drehung im Uhrzeigersinn

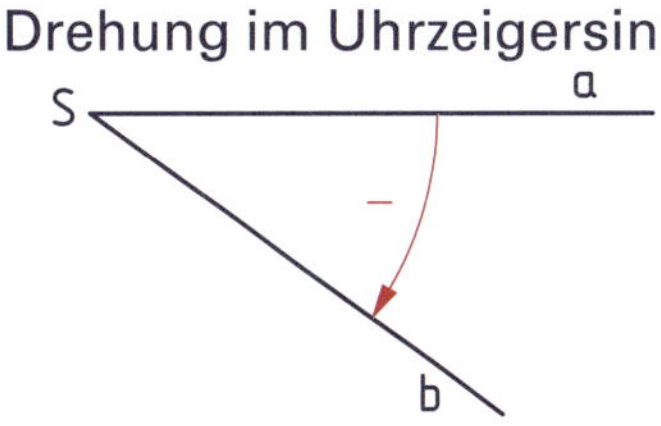

mathematisch **negative** Richtung

Jedem negativen Winkel entspricht ein positiver Winkel. Man kann ihn als Ergänzung auf den vollen Winkel von 360° deuten, z. B. –28° entspricht $-28° + 360° = 332°$.

b) Bogenmaß

Ein Kreis mit dem Radius 1 (eine Einheit) wird als **Einheitskreis** bezeichnet.

Man kann jedem Winkel eindeutig eine (Kreis-)Bogenlänge zuordnen.

z. B.: 360° ≙ volle Drehung: Umfang des ganzen Kreises mit dem Radius 1

Es gilt: $u = 2r \cdot \pi \rightarrow u = 2 \cdot 1 \cdot \pi = 2\pi$

$360° \mathrel{\hat{=}} 2\pi$ rad

Die Einheit dieser Winkelmessung wird als **Radiant** (abgekürzt: rad) bezeichnet.
Diese wird auch am TR verwendet.

$180° \triangleq \pi$ rad Halbdrehung (halbe Umfangslänge)

$90° \triangleq \frac{\pi}{2}$ rad Vierteldrehung (Länge des Kreisbogens eines Viertelkreises)

Allgemein gilt:

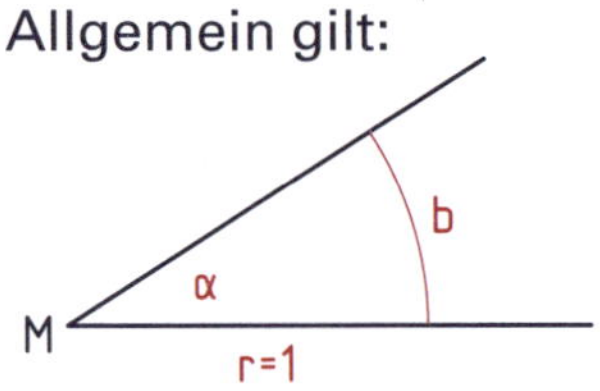

$b = \frac{r \cdot \pi \cdot \alpha}{180}$ mit $r = 1 \rightarrow b = \frac{1 \cdot \pi \cdot \alpha}{180} = \frac{\pi \cdot \alpha}{180}$

z. B.: $\alpha = 30°$ $b = \frac{\pi \cdot 30}{180} = \frac{\pi}{6}$ rad

$360° = 2\pi$ rad 2π rad $= 360°$

$1° = \frac{2\pi}{360}$ rad $1 \text{ rad} = \frac{360°}{2\pi}$

$\mathbf{1° = \frac{\pi}{180}}$ **rad** $\mathbf{1 \text{ rad} = \frac{180°}{\pi}}$ 1 rad entspricht ca. 57,30°

Beispiel: Gib α im Bogenmaß an!

$\alpha = 27°12'45''$ Umwandeln in Dezimalgrad

$27°12'45'' = 27° + \frac{12}{60}° + \frac{45}{3\,600}° = 27{,}2125°$

$27{,}2125 \cdot \frac{\pi}{180} = 0{,}47494..$

$\alpha = 27°12'45'' = 0{,}4749$ rad

Beispiel: Gib β in Grad an!

$\beta = 2{,}4138$ rad

$2{,}4138 \cdot \frac{180}{\pi} = 138{,}300..$

$\beta = 2{,}4138 \text{ rad} = 138{,}30°$

Umwandlungstabelle für einige wichtige Winkel

Grad	0	30	45	60	90	120	135	150	180
rad	0	$\frac{\pi}{6}$	$\frac{\pi}{4}$	$\frac{\pi}{3}$	$\frac{\pi}{2}$	$\frac{2\pi}{3}$	$\frac{3\pi}{4}$	$\frac{5\pi}{6}$	π
Grad	180	210	225	240	270	300	315	330	360
rad	π	$\frac{7\pi}{6}$	$\frac{5\pi}{4}$	$\frac{4\pi}{3}$	$\frac{3\pi}{2}$	$\frac{5\pi}{3}$	$\frac{7\pi}{4}$	$\frac{11\pi}{6}$	2π

Winkelfunktionen im rechtwinkligen Dreieck

Bezeichnungen im rechtwinkligen Dreieck

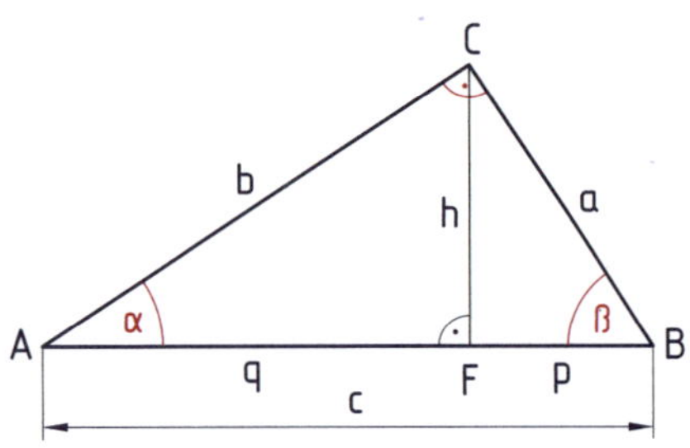

c .... Hypotenuse
Die Hypotenuse liegt dem rechten Winkel gegenüber, sie ist die längste Seite des rechtwinkligen Dreiecks.

a, b.... Katheten. Sie schließen den rechten Winkel ein.

h....... Höhe im rechtwinkligen Dreieck

F....... Fußpunkt der Höhe, teilt die Hypotenuse c in p und q

p, q.... Hypotenusenabschnitte

Für den **Winkel** α ist **a die Gegenkathete** (sie liegt dem Winkel α gegenüber) bzw. **b die Ankathete** (sie liegt dem Winkel α an).
Dementsprechend gilt für den **Winkel** β, dass **b die Gegenkathete** und **a die Ankathete** ist.

Um eine Gerade zu zeichnen, kann man das Steigungsdreieck verwenden. Dieses kann man auch verwenden um zum Beispiel den Anstieg einer Straße anzudeuten.

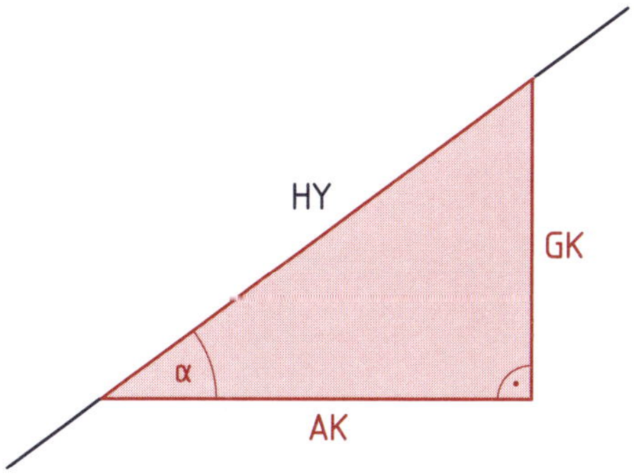

Für den Steigungswinkel α gilt:
Bei gleich bleibender Ankathete AK und größer werdender Gegenkathete GK wird auch der Steigungswinkel größer.

Die Steigung einer Straße wird genauso angegeben. Das Verhältnis von Höhengewinn (GK) oder Höhenverlust zur Horizontalentfernung (AK) wird in Prozent angegeben.

Die Steigung einer Straße, die zum Beispiel auf 50 m um 2 m steigt, wird mit 4 % angegeben.

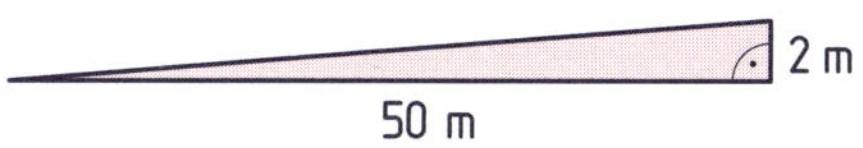

$\frac{2}{50} = \frac{4}{100} \rightarrow 4\,\%$

Umgekehrt gilt für eine Steigung von 12 %, dass bei 100 m Horizontalentfernung die Straße um 12 m steigt.

In der Mathematik wird der Steigungswinkel α ebenfalls durch das Verhältnis von GK und AK angegeben. Dieses Verhältnis wird als der Tangens (abgekürzt: tan) des Winkels α bezeichnet:

$$\tan \alpha = \frac{\text{Gegenkathete}}{\text{Ankathete}} = \frac{GK}{AK}$$

Mithilfe des TR kann man aus dem Steigungswinkel die Steigung (= Tangens des Winkels) errechnen bzw. ausgehend vom Verhältnis den zugehörigen Winkel angeben.

Beispiel: Welche Steigung entspricht einem Steigungswinkel von $\alpha = 23°$?

$\tan 23° = 0{,}42447..$ Für die Steigung gilt: $0{,}4245 \approx 0{,}42$

$\tan 23° = 0{,}4245$ $0{,}42 = \frac{42}{100}$, d. h. die Steigung beträgt ca. 42 %.

TR: [tan] 23° [=] Anzeige: 0,424474816

Beim **TR** muss man zunächst einstellen, ob man **im Gradmaß (DEG)** oder im **Bogenmaß (RAD)** rechnet.

Wenn man aus dem Verhältnis den Steigungswinkel ausrechnen will bzw. wenn man den Tangens gegeben hat und den zugehörigen Winkel ausrechnen will, muss man so vorgehen:

$\tan \alpha = 0{,}75$ TR: [$\tan^{-1}$] 0,75 [=] Anzeige: 36,86989765

$\alpha = 36{,}87°$

Berechnungen, wenn der Winkel im Bogenmaß gegeben ist:

tan 1,4 rad = Man muss zunächst den TR auf Eingabe in RAD umstellen, im Display erscheint unten RAD.

[tan] 1,4 [=] Anzeige: 5,797883715

tan 1,4 rad = 5,7979

$\tan \alpha = 2{,}4$ TR: [$\tan^{-1}$] 2,4 [=] Anzeige: 1,176005207

$\alpha = 1{,}1760$ rad

Man kann im rechtwinkligen Dreieck dem Steigungswinkel α auch andere Verhältnisse zuordnen. Man definiert:

Sinus eines Winkels

$$\sin \alpha = \frac{\text{Gegenkathete}}{\text{Hypotenuse}} = \frac{GK}{HY}$$

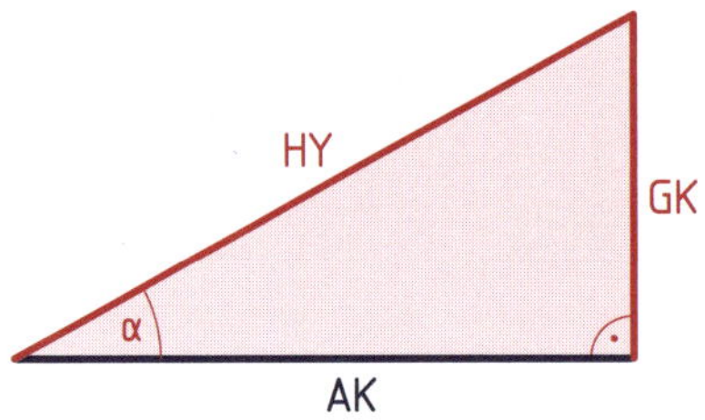

Cosinus eines Winkels

$$\cos \alpha = \frac{\text{Ankathete}}{\text{Hypotenuse}} = \frac{AK}{HY}$$

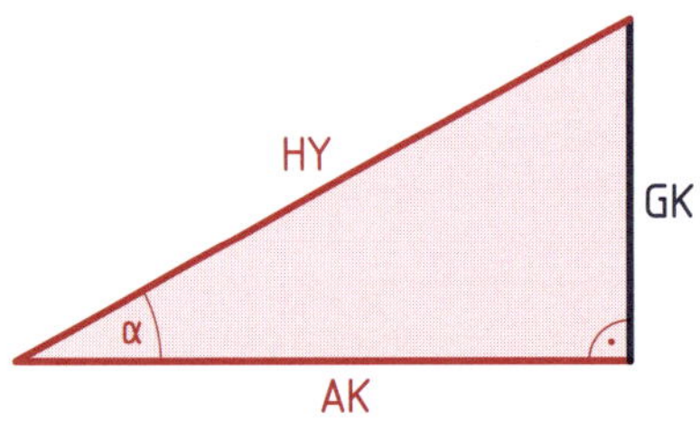

Die beschriebenen Verhältnisse zwischen AK, GK und HY hängen alle von einem Winkel ab. Sie sind daher Funktionen des Winkels und werden **Winkelfunktionen** genannt.

Auch die Werte von sin und cos lassen sich mit dem **TR** ausrechnen. Verwende dazu die Tasten [sin] [cos] bzw. [$\sin^{-1}$] und [$\cos^{-1}$]. Achte auf die Einstellung DEG bzw. RAD!

Beispiel: Ermittle mit dem TR sin-, cos- und tan-Wert und runde auf 4 Dezimalstellen!

$\alpha = 37°12'$

$\alpha = 37{,}2°$

$\sin \alpha = 0{,}6046$ $\cos \alpha = 0{,}7965$ $\tan \alpha = 0{,}7590$

Beispiel: Ermittle mit dem TR den Winkel und gib ihn in Dezimalgrad an!

a) $\sin \alpha = 0{,}5821$ $\alpha = 35{,}5983°$

b) $\cos \beta = 0{,}4432$ $\beta = 63{,}6918°$

Winkelmessung – Winkelfunktionen

1 **Gib die Winkel in Dezimalgrad an!**

a) $\alpha = 37°12'$ **b)** $\beta = 248°56'$ **c)** $\gamma = 12°14'$

d) $\delta = 108°33'06''$ **e)** $\varepsilon = 223°45'56''$ **f)** $\varphi = 324°27'32''$

2 **Gib die Winkel in Grad, Minuten und Sekunden an!**

a) $\alpha = 23{,}03°$ **b)** $\beta = 195{,}67°$ **c)** $\gamma = 106{,}892°$

d) $\delta = 87{,}234°$ **e)** $\varepsilon = 123{,}5678°$ **f)** $\varphi = 13{,}2179°$

3 **Gib die Winkel im Bogenmaß an!**

a) $\alpha = 73°18'$ **b)** $\beta = 48°46'$ **c)** $\gamma = 82°14'52''$

d) $\delta = 78{,}34°$ **e)** $\varepsilon = 105{,}568°$ **f)** $\varphi = 135{,}8219°$

4 **Verwandle die Winkel in Grad, Minuten und Sekunden!**

a) $\alpha = 0{,}56$ rad **b)** $\beta = 1{,}5$ rad **c)** $\gamma = 0{,}8945$ rad

d) $\delta = 1$ rad **e)** $\varepsilon = 2{,}57$ rad **f)** $\varphi = 3{,}106$ rad

5 **Ermittle mit dem TR den sin-, cos- und tan-Wert und runde auf 4 Dezimalstellen!**

a) $\alpha = 12°23'$ **b)** $\beta = 48°06'$ **c)** $\gamma = 74°14'23''$

d) $\delta = 48{,}87°$ **e)** $\varepsilon = 23{,}482°$ **f)** $\varphi = 8{,}24°$

6 **Ermittle mit dem TR den sin-, cos- und tan-Wert und runde auf 4 Dezimalstellen!**

a) $\alpha = 1{,}6$ rad **b)** $\beta = 0{,}85$ rad **c)** $\gamma = 0{,}45$ rad

d) $\delta = \frac{\pi}{3}$ rad **e)** $\varepsilon = \frac{\pi}{4}$ rad **f)** $\varphi = \frac{\pi}{8}$ rad

7 **Ermittle mit dem TR die Winkel und gib sie in Dezimalgrad an!**

a) $\sin\alpha = 0{,}5$ **b)** $\cos\beta = 0{,}68$ **c)** $\tan\gamma = 0{,}56$

d) $\cos\delta = 0{,}125$ **e)** $\tan\varepsilon = 2{,}89$ **f)** $\sin\varphi = 0{,}825$

8 **Ermittle mit dem TR die Winkel und gib sie im Bogenmaß an!**

a) $\sin\alpha = 0{,}125$ **b)** $\cos\beta = 0{,}825$ **c)** $\tan\gamma = 2{,}563$

d) $\cos\delta = 0{,}5$ **e)** $\tan\varepsilon = 0{,}89$ **f)** $\sin\varphi = 0{,}68$

Berechnungen mithilfe von rechtwinkligen Dreiecken

Beispiel: Von einem rechtwinkligen Dreieck ABC ($\gamma = 90°$) kennt man die Länge der Seite $c = 53$ mm und die Länge der Seite $a = 32$ mm. Berechne b und die Winkel α und β!

Bei trigonometrischen Aufgaben ist es günstig, immer eine maßstabsgetreue Skizze zu machen. Die Skizze ist nicht nur hilfreich, um die entsprechenden Berechnungen durchführen zu können, sondern sie kann auch zur Kontrolle der Ergebnisse herangezogen werden.

Um ein möglichst genaues Rechenergebnis zu bekommen, rechne mit den exakten Werten. Speichere alle deine Zwischenergebnisse. Gib die Endergebnisse auf so viele Stellen an, wie sie in der Angabe vorkommen.

Skizze:

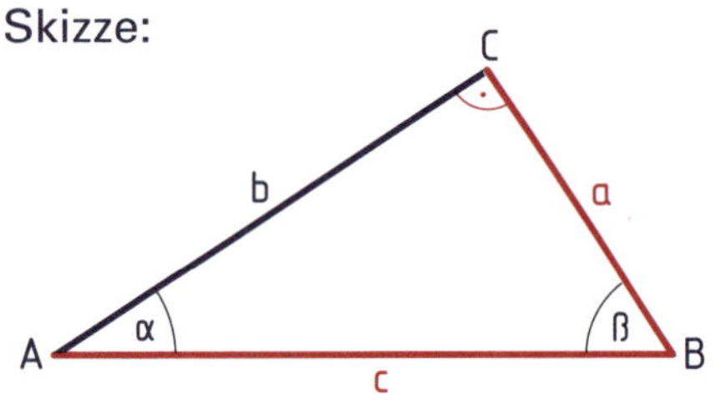

Zunächst muss man feststellen, welche Seite die Hypotenuse ist. c ... Hypotenuse
Die beiden anderen Seiten sind die Katheten.
Für α ist a die Gegenkathete, dem Verhältnis aus GK und HY ist der Sinus des Winkels zugeordnet.

$\sin \alpha = \frac{a}{c}$

$\sin \alpha = \frac{32}{53} \rightarrow \alpha = 37{,}14°$

$\beta = 90° - \alpha$

$\beta = 52{,}86°$

$a^2 + b^2 = c^2$

$b^2 = c^2 - a^2$

$b = 42{,}2..$

$b = 42$ mm

b lässt sich mithilfe des pythagoreischen Lehrsatzes (PLS) ausrechnen.

Beispiel: Von einem rechtwinkligen Dreieck ABC ($\gamma = 90°$) kennt man die Länge der Seite $a = 7{,}5$ cm und den Winkel $\beta = 65°$. Berechne die Länge der Seiten b und c sowie die Größe des Winkels α!

Skizze:

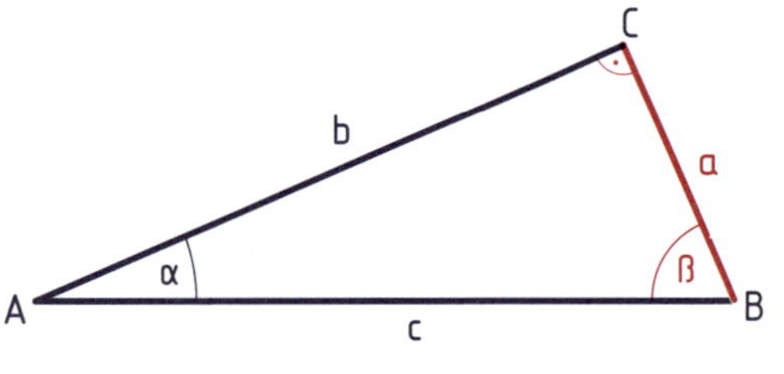

1. c ... Hypotenuse
2. Für β ist die Seite a Ankathete → cos
3. $\cos \beta = \frac{a}{c}$

$c \cdot \cos \beta = a \quad | : \cos \beta$

$c = \frac{a}{\cos \beta}$

$c = 17{,}74..$

$c = 17{,}7$ cm

PLS: $a^2 + b^2 = c^2$

$b^2 = c^2 - a^2$

$b = 16{,}08..$ cm

$b = 16{,}1$ cm

$\alpha = 90° - \beta$

$\alpha = 25°$

$\alpha = 25°$

Beispiel: Von einem rechtwinkligen Dreieck ABC ($\gamma = 90°$) kennt man die Seite $b = 4{,}8$ cm und den Hypotenusenabschnitt $q = 2{,}9$ cm. Berechne a, c, α, β, p, h, den Flächeninhalt A, den Umkreisradius r und den Inkreisradius ϱ. Gib die Ergebnisse auf zwei Dezimalstellen an!

Skizze:

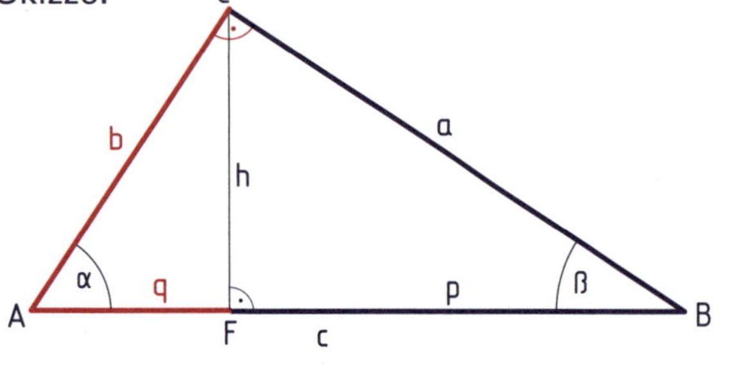

Im rechtwinkligen △ AFC ist b die Hypotenuse.
Für α ist q die Ankathete.

$\cos \alpha = \frac{q}{b}$

$\alpha = 52{,}83°$

Im △ ABC gilt: $\beta = 90° - \alpha \rightarrow \beta = 37{,}17°$

Im △ AFC gilt:

$h^2 + q^2 = b^2$

$h^2 = b^2 - q^2$

$h = 3{,}8$ cm

Im △ FBC gilt:

$\sin\beta = \frac{h}{a}$

$a = \frac{h}{\sin\beta}$

$a = 6{,}3$ cm

$\cos\beta = \frac{p}{a}$

$p = a \cdot \cos\beta$

$p = 5{,}0$ cm

Im △ ABC gilt:

$c = p + q$

$c = 7{,}9$ cm

$A = \frac{1}{2}a \cdot b$

$A = 15{,}17\ \text{cm}^2$

$r = \frac{c}{2}$

$r = 4$ cm

$\varrho = \frac{2A}{a + b + c}$

$\varrho = 1{,}6$ cm

Anwendung auf ebene Figuren

In vielen geometrischen Figuren lassen sich mithilfe von rechtwinkligen Dreiecken Längsstücke bzw. Winkel errechnen.

Beispiel: Von einer Raute kennt man $a = 125$ mm und den Winkel $\alpha = 42°$. Berechne e, f, h, β, ϱ und A!

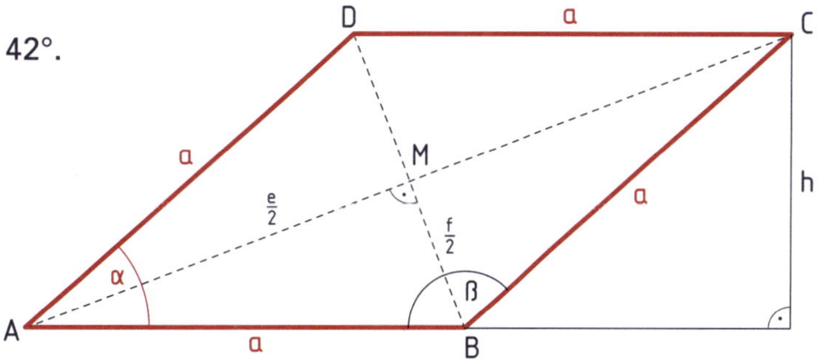

$\beta = 180° - \alpha$

$\beta = 138°$

△ ABM

$\sin\frac{\alpha}{2} = \frac{\frac{f}{2}}{a}$

$\frac{f}{2} = a \cdot \sin\frac{\alpha}{2}$

$f = 89{,}5..$

$f = 90$ mm

$\cos\frac{\alpha}{2} = \frac{\frac{e}{2}}{a}$

$\frac{2}{2} = a \cdot \cos\frac{\alpha}{2}$

$e = 233{,}3..$

$e = 233$ mm

Raute ABCD

$A = \frac{1}{2}e \cdot f$

$A = 10\,485\ \text{mm}^2$

$A = a \cdot h$

$h = \frac{A}{a}$

$h = 83{,}8..$

$h = 84$ mm

Inkreisradius = halbe Höhe

$\varrho = 42$ mm

Beispiel: Mit einer 6,8 m langen Leiter kann man zu einem Fenster gelangen, dessen Unterkante 5,8 m über dem Boden liegt. Unter welchem Neigungswinkel ist die Leiter an die Mauer gelehnt?

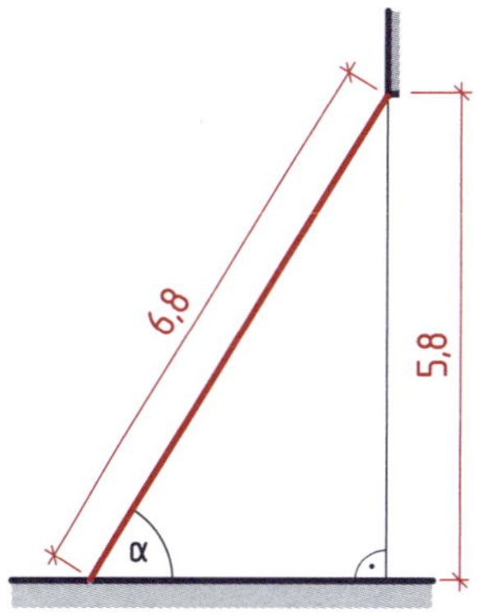

Länge der Leiter … Hypotenuse
Boden bis Unterkante Fenster … Gegenkathete von α

$\sin\alpha = \frac{5{,}8}{6{,}8}$

$\alpha = 58{,}53..°$

Die Leiter ist unter einem Winkel von 58,5° angelehnt.

Berechnungen mithilfe von rechtwinkligen Dreiecken

1 Von einem rechtwinkligen Dreieck ABC ($\gamma = 90°$) kennt man a = 4 cm und c = 5 cm. Berechne b und die Winkel α und β!

2 Von einem rechtwinkligen Dreieck ABC ($\gamma = 90°$) kennt man c = 13 cm und $\beta = 22{,}62°$. Berechne a, b und α!

3 Von einem rechtwinkligen Dreieck ABC ($\gamma = 90°$) kennt man a = 2,77 m und $\alpha = 19°51'$. Berechne b, c und β!

4 Von einem rechtwinkligen Dreieck ABC ($\gamma = 90°$) kennt man b = 308 mm und $\alpha = 11{,}95°$. Berechne a, c und β!

5 Von einem rechtwinkligen Dreieck ABC ($\gamma = 90°$) kennt man a = 40,8 cm und $\beta = 68°43'$. Berechne b, c und α!

6 Von einem rechtwinkligen Dreieck ABC ($\gamma = 90°$) kennt man die Kathete a = 18,5 cm und die Höhe h = 16,4 cm. Berechne die andere Kathete, die Hypotenuse sowie die Winkel α und β!

7 Von einem rechtwinkligen Dreieck ABC ($\gamma = 90°$) kennt man die Kathete b = 12,28 m und die Höhe h = 8,3 m. Berechne die andere Kathete, die Hypotenuse und die Winkel α und β!

8 Von einem rechtwinkligen Dreieck ABC ($\gamma = 90°$) kennt man die Höhe h = 4,3 cm und den Hypotenusenabschnitt q = 4,5 cm. Berechne a, b, c und die Winkel α und β!

9 Von einem rechtwinkligen Dreieck ABC ($\gamma = 90°$) kennt man den Hypotenusenabschnitt q = 140 mm und den Winkel $\alpha = 23°$. Berechne a, b, c und den Winkel β!

10 Von einem rechtwinkligen Dreieck ABC ($\gamma = 90°$) kennt man die Höhe h = 34 cm und den Winkel $\alpha = 19°23'$. Berechne a, b, c und den Winkel β!

11 Von einem rechtwinkligen Dreieck ABC ($\gamma = 90°$) kennt man die Höhe h = 1,2 m und den Winkel $\beta = 28°\ 35'$. Berechne a, b, c und den Winkel α!

12 Von einem gleichschenkligen Dreieck ABC kennt man den Flächeninhalt A = 420 cm^2 und die Basis c = 42 cm. Berechne die beiden Schenkel a und b, sowie die Winkel α, β und γ!

13 Von einer Raute ABCD kennt man die Seite a = 62,5 cm und die Diagonale e = 100 cm. Berechne f, h, α, β und A!

14 Von einer Raute ABCD kennt man die Diagonale e = 210 mm und die Höhe h = 135 mm. Berechne a, f, α, β und A!

15 Von einer Raute ABCD kennt man die Seite a = 88,4 cm und den Winkel $\alpha = 41{,}22°$. Berechne e, f, h, β und A!

16 Von einem Trapez ABCD kennt man die Seiten a = 11,8 cm, c = 7 cm, d = 3,3 cm und den Winkel $\alpha = 72°$. Berechne b, e, f, β γ, δ und den Flächeninhalt A!

17 Von einem Trapez ABCD kennt man die Seiten a = 145,6 cm, d = 54,4 cm und die Winkel $\beta = 33{,}56°$ und $\delta = 122{,}7°$. Berechne b, c, e, f, α, γ und den Flächeninhalt A!

18 Berechne den Winkel, den die Raumdiagonale mit einer Würfelkante einschließt! (Beachte: Die Länge der Seitenkante des Würfels ist dabei unerheblich.)

19 Berechne den Winkel, den die Raumdiagonale mit einer Flächendiagonale einschließt! (Beachte: Die Länge der Seitenkante des Würfels ist dabei unerheblich.)

Winkelfunktionen im Einheitskreis – Zusammenhang zwischen den Winkelfunktionen

Auch in einem Einheitskreis kann man die Winkelfunktionen angeben. Konstruiere in einem Koordinatensystem einen Kreis mit dem Radius 1 und zeichne einen beliebigen Winkel φ so ein, dass ein Schenkel mit der positiven x-Achse zusammenfällt.
Es entsteht ein rechtwinkliges Dreieck, dessen Hypotenuse 1 ist. Als Gegenkathete für den Winkel φ tritt der Sinus des Winkels φ und als Ankathete der Cosinus des Winkels φ auf.

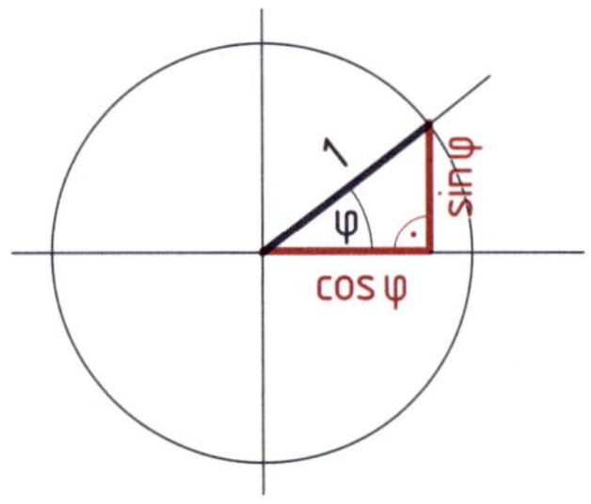

Nach dem pythagoreischen Lehrsatz gilt:
$(\sin\varphi)^2 + (\cos\varphi)^2 = 1$

Man schreibt kürzer:
$\sin^2\varphi + \cos^2\varphi = 1$

Wenn man sich den Winkel in Hauptlage als den Steigungswinkel in einem Steigungsdreieck einer Geraden vorstellt, erscheint der Tangens des Winkels direkt als Gegenkathete im größeren rechtwinkligen Dreieck mit der Ankathete 1.

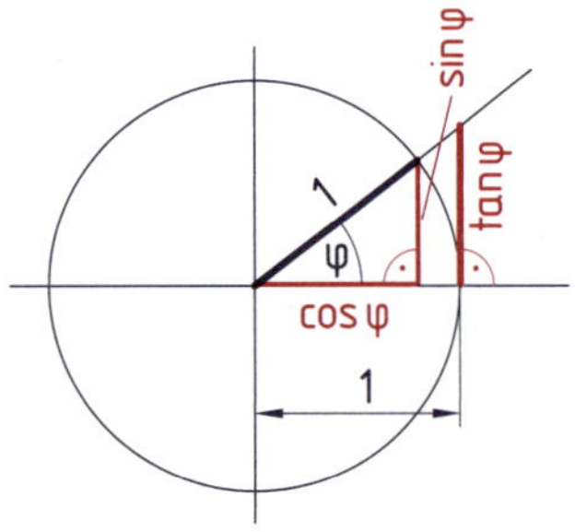

Aufgrund des Strahlensatzes gilt:
$\tan\varphi : 1 = \sin\varphi : \cos\varphi$
$\tan\varphi = \frac{\sin\varphi}{\cos\varphi}$

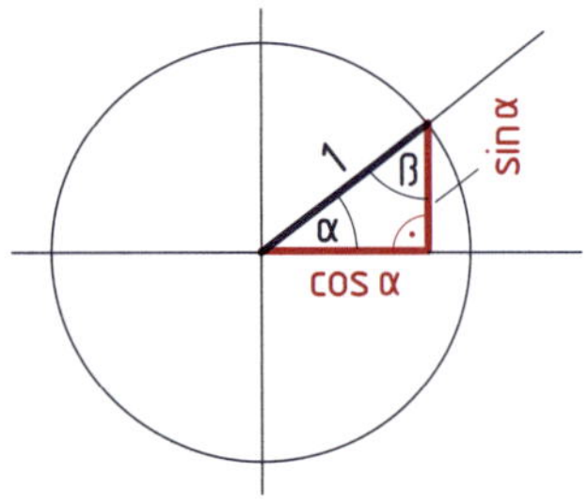

Wenn man vom Winkel β ausgeht gilt:
$\sin\beta = \cos\alpha$ bzw. $\cos\beta = \sin\alpha$

Weiters gilt: $\beta = 90° - \alpha \rightarrow$
$\sin(90° - \alpha) = \cos\alpha \quad \cos(90° - \alpha) = \sin\alpha$

Werteverlauf der Winkelfunktionen

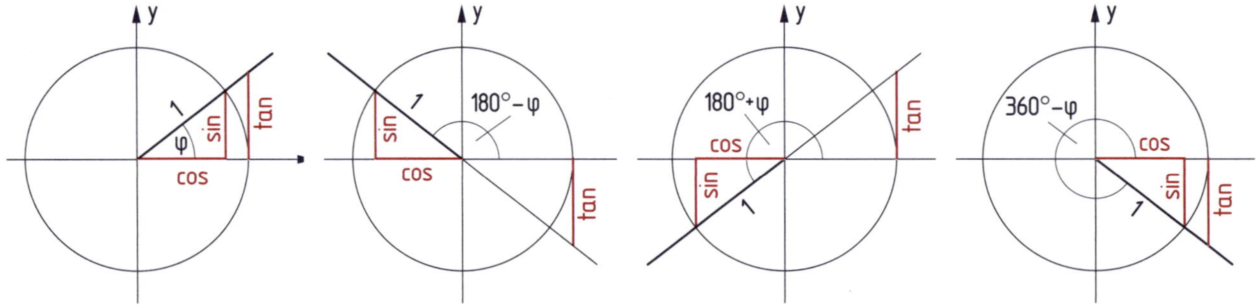

Aus den Zeichnungen erkennt man, dass sin und cos nur Werte zwischen –1 und +1 annehmen können. Die Werte von Tangens können zwischen $-\infty$ und $+\infty$ liegen, wobei der Tangens für 90° bzw. für 270° nicht definiert ist.

Da $\tan \varphi = \frac{\sin \varphi}{\cos \varphi}$ gilt, ist der Tangens genau dort nicht definiert, wo $\cos \varphi = 0$ gilt; das ist bei 90° und bei 270° der Fall.

In den einzelnen **Quadranten** gelten folgende **Vorzeichen**:

Funktion \ Quadrant	I	II	III	IV
$\sin \alpha$	+	+	–	–
$\cos \alpha$	+	–	–	+
$\tan \alpha$	+	–	+	–

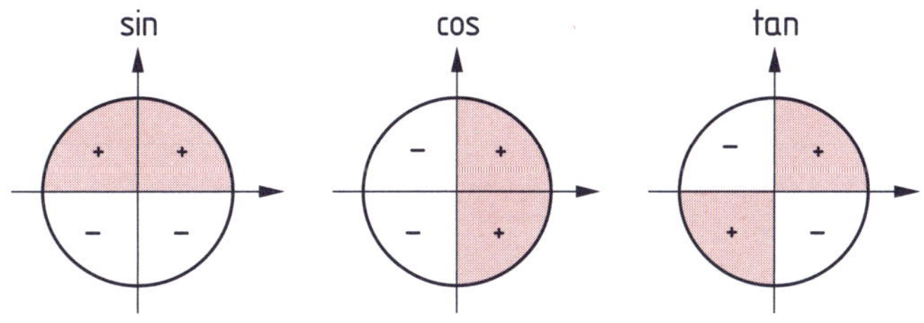

Aus der Zeichnung zum Werteverlauf kann man auch die so genannten **Reduktionsformeln** erkennen:

$\sin \varphi = \sin(180° - \varphi) = -\sin(180° + \varphi) = -\sin(360° - \varphi)$
$\cos \varphi = -\cos(180° - \varphi) = -\cos(180° + \varphi) = \cos(360° - \varphi)$
$\tan \varphi = -\tan(180° - \varphi) = \tan(180° + \varphi) = -\tan(360° - \varphi)$

Berechne, für welche Werte im Intervall [0°, 360°] gilt:

a) $\sin \alpha = 0{,}85$
$\alpha_1 = 58{,}21°$ aber auch — Reduktionsformel: $\sin \varphi = \sin(180° - \varphi)$
$\alpha_2 = 121{,}79°$

b) $\cos \beta = 0{,}57$
$\beta_1 = 55{,}25°$
$\beta_2 = 304{,}75°$ — Reduktionsformel: $\cos \varphi = \cos(360° - \varphi)$

c) $\tan \gamma = 2{,}6$
$\gamma_1 = 68{,}96°$
$\gamma_2 = 248{,}96°$ — Reduktionsformel: $\tan \varphi = \tan(180° + \varphi)$

d) $\sin \alpha = -0{,}75$
$\alpha = -48{,}59°$ — Üblicherweise wird der Winkel positiv angegeben.
$\alpha_1 = 311{,}41°$ — Reduktionsformel: $\sin \varphi = \sin(180° - \varphi)$
$\alpha_2 = 228{,}59°$

e) $\cos \beta = -0{,}9$
$\beta_1 = 154{,}16°$
$\beta_2 = 205{,}84°$ — Reduktionsformel: $\cos \varphi = \cos(360° - \varphi)$

f) $\tan \gamma = -10{,}5$
$\gamma = -84{,}56°$
$\gamma_1 = 275{,}44°$
$\gamma_2 = 95{,}44°$ — Reduktionsformel: $\tan \varphi = \tan(180° + \varphi)$

Polarkoordinaten

In einem Koordinatensystem kann man die Koordinaten eines Punktes auch mithilfe von Winkelfunktionen angeben.

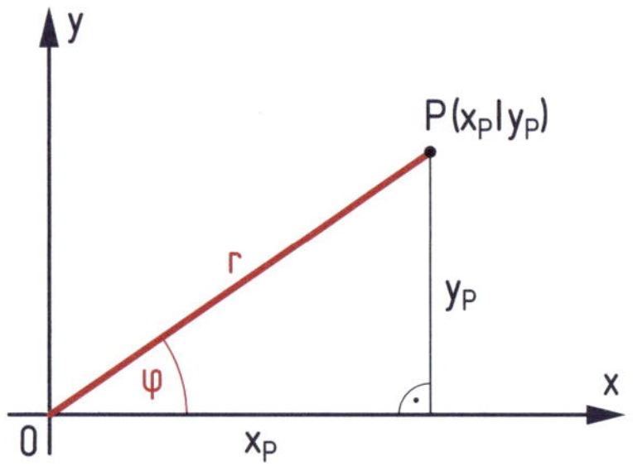

Mithilfe des Winkels φ und des Abstandes r des Punktes P vom Ursprung, kann die Lage des Punktes P eindeutig angegeben werden.
Die Zahlen r und φ werden als **Polarkoordinaten** des Punktes **P** bezeichnet.
Man schreibt sie als Zahlenpaar an: $P(r; \varphi)$

Zusammenhang zwischen den kartesischen Koordinaten $P(x_P/y_P)$ und den Polarkoordinaten $P(r; \varphi)$:

$r^2 = x_P^2 + y_P^2 \qquad \cos\varphi = \frac{x_P}{r} \rightarrow x_P = r \cdot \cos\varphi$

$\tan\varphi = \frac{y_P}{x_P} \qquad \sin\varphi = \frac{y_P}{r} \rightarrow y_P = r \cdot \sin\varphi$

Gib den Punkt P(4|3) in Polarkoordinaten an!

$r^2 = x_P^2 + y_P^2 \qquad \cos\varphi = \frac{x_P}{r}$

$r^2 = 4^2 + 3^2 \qquad \cos\varphi = \frac{4}{5} \rightarrow \varphi = 36{,}869..°$

$r = 5 \qquad \varphi = 36{,}87°$

Der im 1. Quadrant liegende Punkt P(4|3) entspricht P(5; 36,87°).

Gib den Punkt Q(−12|5) in Polarkoordinaten an!

$r^2 = x_P^2 + y_P^2 \qquad \cos\varphi = \frac{x_P}{r}$

$r^2 = (-12)^2 + 5^2 \qquad \cos\varphi = \frac{-12}{13} \rightarrow \varphi = 157{,}380..°$

$r = 13 \qquad \varphi = 157{,}38°$

Der im 2. Quadrant liegende Punkt Q(−12|5) entspricht Q(13; 157,38°).

Da den **Winkelfunktionen** im Intervall [0°, 360°] **immer zwei Winkel** zugeordnet sind, muss man immer überlegen, **in welchem Quadrant** der Punkt liegt!

Gegeben ist der Punkt Q in Polarkoordinaten. Gib ihn im kartesischen Koordinatensystem an!

a) Q(3; 75°) $\rightarrow r = 3; \varphi = 75°$

$x_P = r \cdot \cos\varphi \qquad y_P = r \cdot \sin\varphi$

$x_P = 3 \cdot \cos 75° \qquad y_P = 3 \cdot \sin 75°$

$x_P = 0{,}776.. \qquad y_P = 2{,}897..$

$x_P = 0{,}78 \qquad y_P = 2{,}90$

Q(3; 75°) → Q(0,78|2,90) Der Punkt liegt im 1. Quadrant.

b) Q(4; 300°) $\rightarrow r = 3; \varphi = 300°$

$x_P = r \cdot \cos\varphi \qquad y_P = r \cdot \sin\varphi$

$x_P = 4 \cdot \cos 300° \qquad y_P = 4 \cdot \sin 300°$

$x_P = 2 \qquad y_P = -3{,}464..$

$y_P = -3{,}46$

Q(4; 300°) → Q(2|−3,46) Der Punkt liegt im 4. Quadrant.

Winkelfunktionen – Polarkoordinaten

1 **Ermittle mit dem TR den sin-, cos- und tan-Wert des gegebenen Winkels!**

a) 94°25′ b) 128°32′ c) 300°

d) 205°27′12″ e) 318°45′36″ f) 225°45′23″

2 **Ermittle mit dem TR den sin-, cos- und tan-Wert des gegebenen Winkels!**

a) 121,75° b) 227,81° c) 228,5°

d) 153,124° e) 325,65° f) 58,538°

3 **Ermittle mit dem TR den sin-, cos- und tan-Wert des gegebenen Winkels!**

a) 1,25 rad b) 0,892 rad c) 2,5 rad

d) $\frac{\pi}{3}$ rad e) $\frac{3\pi}{8}$ rad f) $\frac{5\pi}{6}$ rad

4 **Wende die Reduktionsformeln an!**

a) sin 125° b) sin 216° c) sin 345°

d) cos 191° e) cos 245° f) cos 327°

5 **Gib den Winkel im gegebenen Intervall an!**

a) $\sin\alpha = 0{,}57$ [0°, 90°] b) $\cos\alpha = 0{,}61$ [0°, 90°]

c) $\sin\alpha = 0{,}834$ [90°, 180°] d) $\cos\alpha = 0{,}926$ [270°, 360°]

e) $\sin\alpha = -0{,}761$ [180°, 270°] f) $\cos\alpha = -0{,}234$ [90°, 180°]

6 **Gib den Winkel im gegebenen Intervall an!**

a) $\tan\alpha = 0{,}88$ [0°, 90°] b) $\tan\alpha = 2{,}6$ [180°, 270°]

c) $\tan\alpha = -0{,}75$ [90°, 180°] d) $\tan\alpha = -1{,}5$ [270°, 360°]

7 **Gib die Winkel im Intervall [0°, 360°] an!**

a) $\sin\alpha = 0{,}45$ b) $\sin\alpha = -0{,}823$ c) $\cos\alpha = 0{,}57$

d) $\cos\alpha = -0{,}258$ e) $\tan\alpha = 0{,}5$ f) $\tan\alpha = -6{,}8$

8 **Gib die Punkte in Polarkoordinaten an! In welchem Quadranten liegen sie jeweils?**

a) P(6|5) b) Q(–1,5|2) c) R(–2|–3) d) S(2,4|–1,2)

9 **Gib die Punkte im kartesischen Koordinatensystem an. In welchem Quadranten liegen sie jeweils?**

a) P(8; 23,5°) b) Q(2; 125°) c) R(2,5; 205,75°) d) S(1,3; 300°)

Berechnungen im schiefwinkligen (allgemeinen) Dreieck

Trigonometrische Flächenformel

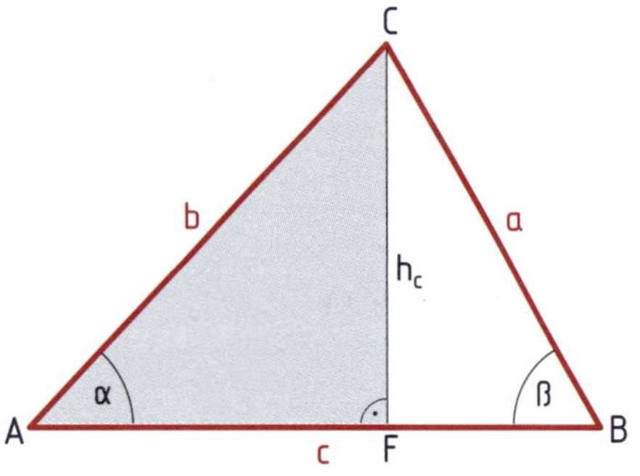

Gegeben ist ein beliebiges schiefwinkliges Dreieck. Man kann den Flächeninhalt aus einer Seite und der zugehörigen Höhe berechnen, z. B.: $A = \frac{1}{2} c \cdot h_c$

Aus dem △ AFC folgt:

$\sin\alpha = \frac{h_c}{b} \rightarrow h_c = b \cdot \sin\alpha$

Einsetzen in die Flächenformel: $A = \frac{1}{2} \cdot c \cdot b \cdot \sin\alpha$

Genauso kann man mit den anderen Seiten und den entsprechenden Höhen verfahren.

Trigonometrische Flächenformel

$A = \frac{1}{2} \cdot c \cdot b \cdot \sin\alpha$ $\quad A = \frac{1}{2} \cdot a \cdot c \cdot \sin\beta$ $\quad A = \frac{1}{2} \cdot a \cdot b \cdot \sin\gamma$

Flächeninhalt = das halbe Produkt zweier Seiten mal dem Sinus des eingeschlossenen Winkels

Beispiel: Berechne den Flächeninhalt des Dreiecks ABC mit a = 5,6 cm, b = 6,4 cm und γ = 35°!

$A = \frac{1}{2} \cdot a \cdot b \cdot \sin\gamma$

$A = \frac{1}{2} \cdot 5{,}6 \cdot 6{,}4 \cdot \sin 35°$

$A = 10{,}278.. = 10{,}28\ cm^2$

Da zwei Seiten und der eingeschlossene Winkel gegeben sind, kann man die trigonometrische Flächenformel anwenden.

Der Sinussatz

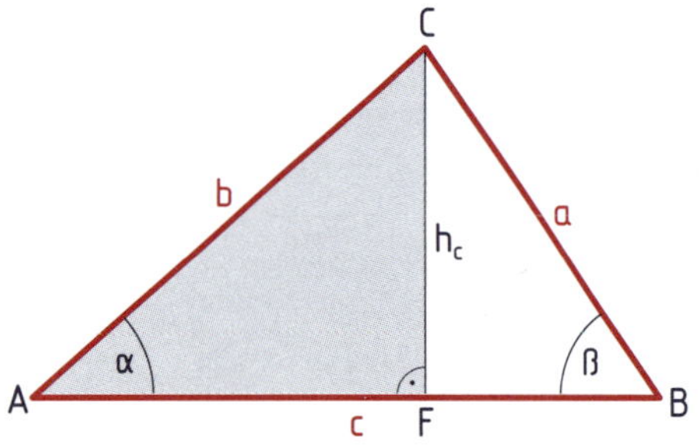

Die Höhe h_c teilt das Dreieck in zwei rechtwinklige Dreiecke. In beiden kann man die Höhe h_c ausdrücken. Durch Gleichsetzen der Höhe erhält man jeweils einen Zusammenhang zwischen einer Seite und dem Sinus des gegenüberliegenden Winkels.

$\sin\alpha = \frac{h_c}{b}$ bzw. $\sin\beta = \frac{h_c}{a}$

$h_c = b \cdot \sin\alpha$ $\quad h_c = a \cdot \sin\beta$

$a \cdot \sin\beta = b \cdot \sin\alpha \quad | : \sin\alpha \cdot \sin\beta$

$$\frac{a}{\sin\alpha} = \frac{b}{\sin\beta}$$

Dieser Zusammenhang wird als **Sinussatz** bezeichnet: $\frac{a}{\sin\alpha} = \frac{b}{\sin\beta} = \frac{c}{\sin\gamma}$

In jedem Dreieck sind die Verhältnisse der einzelnen Seitenlängen zum Sinuswert des gegenüberliegenden Winkel gleich. Den Sinussatz kann man anwenden, wenn unter den drei gegebenen Bestimmungsstücken eine Seite mit dem gegenüberliegenden Winkel vorkommt. Das dritte Angabestück kann eine Seite oder ein Winkel sein.
Beachte: Das Dreieck ist eindeutig, wenn der gegebene Winkel der längeren Seite gegenüberliegt.

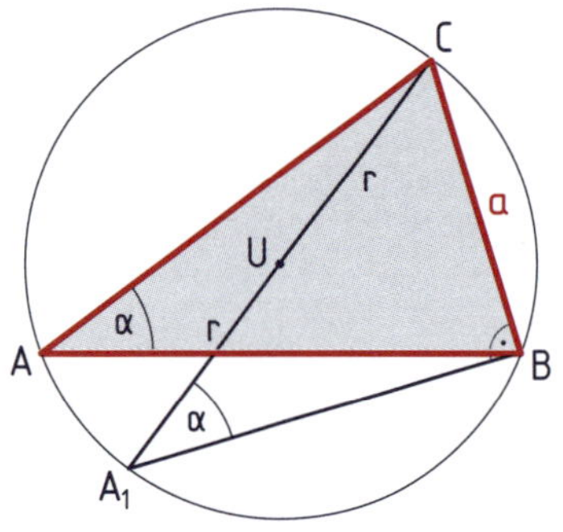

Der der Seite a gegenüberliegende Winkel α kann als Peripheriewinkel zur Seite a gesehen werden. Nach dem Peripheriewinkelsatz sind die Peripheriewinkel alle gleich groß. Das Dreieck A_1BC ist ein rechtwinkliges Dreieck (Satz von Thales). Es gilt daher:

$\sin\alpha = \frac{a}{2r} \rightarrow 2r = \frac{a}{\sin\alpha}$

Man kann den Sinussatz daher ergänzen: $\frac{a}{\sin\alpha} = \frac{b}{\sin\beta} = \frac{c}{\sin\gamma} = 2r$

Formel für den Umkreisradius eines Dreiecks: $2r = \frac{a}{\sin\alpha}$ bzw. $2r = \frac{b}{\sin\beta}$ bzw. $2r = \frac{c}{\sin\gamma}$

Beispiel: Von einem schiefwinkligen Dreieck ABC kennt man zwei Seiten a = 7,5 cm und b = 6,5 cm sowie den Winkel $\beta = 50°$. Berechne α, γ, c, r und A!

Maßstabsgetreue Skizze:

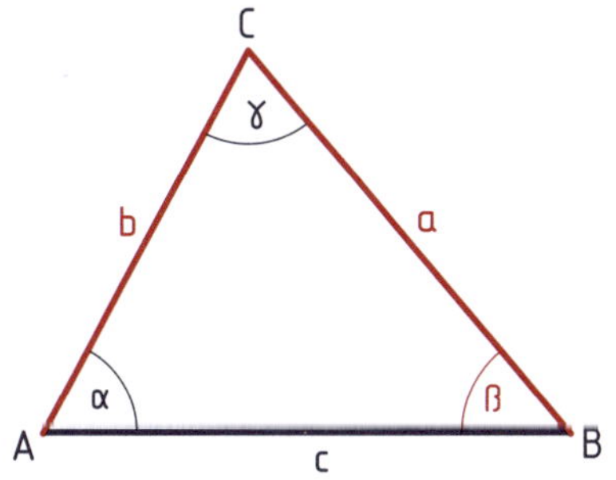

Anwendung des Sinussatzes:

$$\frac{b}{\sin\beta} = \frac{a}{\sin\alpha} \quad | \cdot \sin\alpha \cdot \sin\beta$$

$$b \cdot \sin\alpha = a \cdot \sin\beta$$

$$\sin\alpha = \frac{a \cdot \sin\beta}{b}$$

$$\sin\alpha = \frac{7{,}5 \cdot \sin 50°}{6{,}5}$$

$$\sin\alpha = 0{,}88389..$$

$$\alpha = 62{,}116..$$

$$\alpha = 62{,}12°$$

$$\gamma = 180° - (\alpha + \beta)$$

$$\gamma = 67{,}88°$$

Sinussatz:

$$\frac{c}{\sin\gamma} = \frac{b}{\sin\beta} \quad | \cdot \sin\gamma$$

$$c = \frac{b \cdot \sin\gamma}{\sin\beta}$$

$$c = \frac{6{,}5 \cdot \sin \cdot 67{,}88°}{\sin 50°}$$

$$c = 7{,}860..$$

$$c = 7{,}86\ \text{cm}$$

$$2r = \frac{b}{\sin\beta}$$

$$2r = \frac{6{,}5}{\sin 50°}$$

$$r = 4{,}242..$$

$$r = 4{,}242..$$

$$r = 4{,}24\ \text{cm}$$

$$A = \frac{1}{2} \cdot a \cdot b \cdot \sin\gamma$$

$$A = \frac{1}{2} \cdot 7{,}5 \cdot 6{,}5 \cdot \sin 67{,}88°$$

$$A = 22{,}580..$$

$$A = 22{,}58\ \text{cm}^2$$

Der Sinussatz lässt sich nicht anwenden, wenn in einem Dreieck alle drei Seiten bzw. zwei Seiten und der eingeschlossene Winkel gegeben sind!

Der Cosinussatz

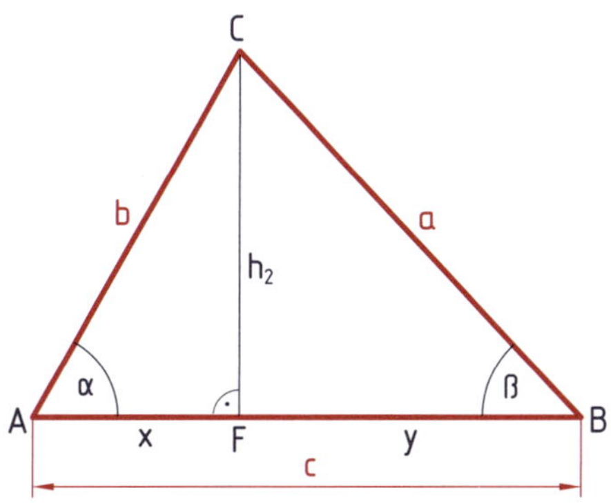

Im △ AFC gilt:

$$\sin\alpha = \frac{h_c}{b} \rightarrow h_c = b \cdot \sin\alpha$$

$$\cos\alpha = \frac{x}{b} \rightarrow x = b \cdot \cos\alpha$$

Für das △ ABC gilt:

$$y = c - x$$

$$y = c - b \cdot \cos\alpha$$

Anwenden des pythagoreischen Lehrsatzes im △ FBC:

$$a^2 = h_c^2 + y^2$$

$$a^2 = b^2 \cdot \sin^2\alpha + (c - b \cdot \cos\alpha)^2$$

$$a^2 = b^2 \cdot \sin^2\alpha + c^2 - 2bc \cdot \cos\alpha + b^2 \cdot \cos^2\alpha$$

$$a^2 = b^2 \cdot (\sin^2\alpha + \cos^2\alpha) + c^2 - 2bc \cdot \cos\alpha \qquad \sin^2\alpha + \cos^2\alpha = 1$$

$$a^2 = b^2 + c^2 - 2bc \cdot \cos\alpha$$

Man hätte das Dreieck auch jeweils durch die anderen Höhen teilen können und kommt so zu einer Formel für b^2 und c^2. Diese Formeln werden als **Cosinussatz** bezeichnet:

$$a^2 = b^2 + c^2 - 2bc \cdot \cos\alpha$$

$$b^2 = a^2 + c^2 - 2ac \cdot \cos\beta$$

$$c^2 = a^2 + b^2 - 2ab \cdot \cos\gamma$$

Der Cosinussatz wird angewandt, wenn man von einem Dreieck zwei Seiten und den eingeschlossenen Winkel oder die drei Seiten kennt.

Beispiel: Von einem schiefwinkligen Dreieck ABC kennt man die Längen der Seiten a = 4 cm, b = 5 cm und c = 6 cm. Berechne die Winkel des Dreiecks!

Skizze:

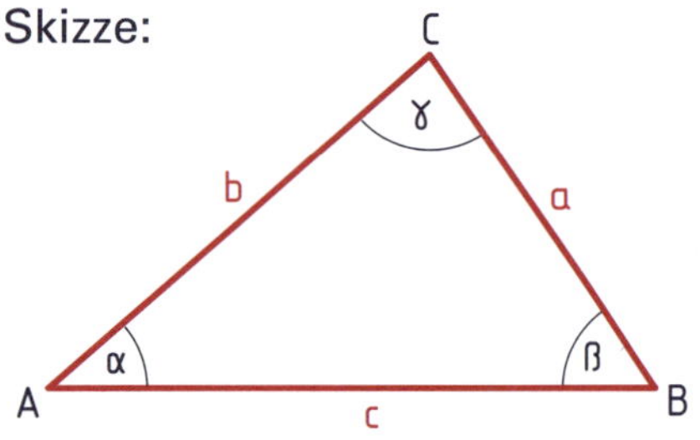

Da hier alle drei Seiten gegeben sind, muss für die Berechnung eines Winkels der Cosinussatz angewandt werden. Es ist günstig, jenen Winkel zu errechnen, der der längsten Seite gegenüberliegt. Dieser ist der größte Winkel im Dreieck. Die beiden anderen Winkel sind kleiner und können nur mehr spitze Winkel sein.

$c^2 = a^2 + b^2 - 2ab \cdot \cos\gamma$ | $+ 2ab \cdot \cos\gamma$ c ist die längste Seite des Dreiecks.

$c^2 + 2ab \cdot \cos\gamma = a^2 + b^2$ | $- c^2$

$2ab \cdot \cos\gamma = a^2 + b^2 - c^2$ | : 2ab

$\cos\gamma = \frac{a^2 + b^2 - c^2}{2ab}$ Einsetzen

$\cos\gamma = \frac{4^2 + 5^2 - 6^2}{2 \cdot 4 \cdot 5}$

$\gamma = 82{,}819.. = 82{,}82°$

Berechnung eines zweiten Winkels mithilfe des Sinussatzes:

$\frac{c}{\sin\gamma} = \frac{a}{\sin\alpha}$ | $\cdot \sin\gamma \cdot \sin\alpha$

$c \cdot \sin\alpha = a \cdot \sin\gamma$

$\sin\alpha = \frac{a \cdot \sin\gamma}{c}$

$\sin\alpha = \frac{4 \cdot \sin 82{,}82°}{6}$

$\alpha = 41{,}409.. = 41{,}41°$ $\beta = 180° - (\alpha + \gamma) = 55{,}77°$

Beispiel: Von einem schiefwinkligen Dreieck ABC kennt man die Längen der Seiten a = 67 mm und b = 89 mm und den Winkel γ = 30°. Berechne die fehlende Seite und die fehlenden Winkel!

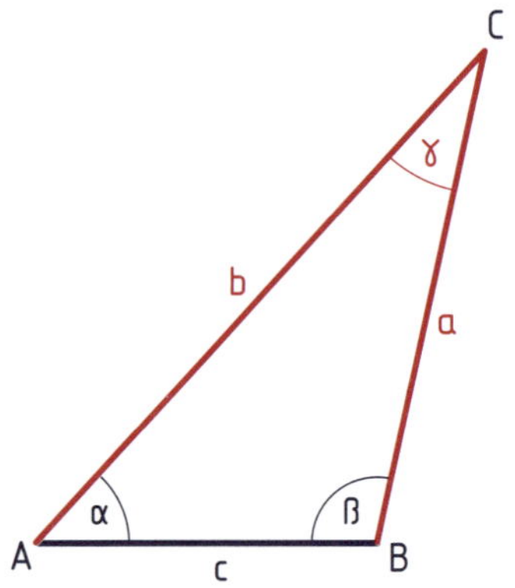

Hier sind zwei Seiten und der eingeschlossene Winkel gegeben. Es muss daher zunächst der Cosinussatz angewandt werden.

$c^2 = a^2 + b^2 - 2ab \cdot \cos\gamma$

$c^2 = 67^2 + 89^2 - 2 \cdot 67 \cdot 89 \cdot \cos 30°$

$c = 45{,}62..$

$c = 46$ mm

Berechnung eines zweiten Winkels mithilfe des Sinussatzes:

$\frac{c}{\sin\gamma} = \frac{b}{\sin\beta}$ | $\cdot \sin\gamma \cdot \sin\beta$

$c \cdot \sin\beta = b \cdot \sin\gamma$

$\sin\beta = \frac{b \cdot \sin\gamma}{c}$

$\sin\beta = \frac{89 \cdot \sin 30°}{45{,}6}$

$\beta = 77{,}389.. = 77{,}39°$

Da β laut Skizze ein stumpfer Winkel ist, muss man, um den richtigen Winkel zu erhalten, den zugehörigen Supplementärwinkel (Ergänzung auf 180°) nehmen. Für den Sinuswert eines Winkels und den Sinuswert des zugehörigen Supplementärwinkels gilt die Reduktionsformel:
$\sin \alpha = \sin (180° - \alpha)$

daher: $\beta = 180° - 77{,}39°$ $\qquad \alpha = 180° - (\beta + \gamma)$
$\beta = 102{,}61°$ $\qquad \alpha = 47{,}39°$

Vermessungsaufgaben

Bei Vermessungsaufgaben, bei denen Entfernungen und Höhenunterschiede von Geländepunkten bzw. die gegenseitige Lage von Gebäuden und Objekten bestimmt werden, unterscheidet man folgende Begriffe:

Horizontalebene – alle Punkte, die dieselbe Meereshöhe haben, liegen in derselben Horizontalebene.

Vertikalebene – eine Ebene, die auf die Horizontalebene normal steht.

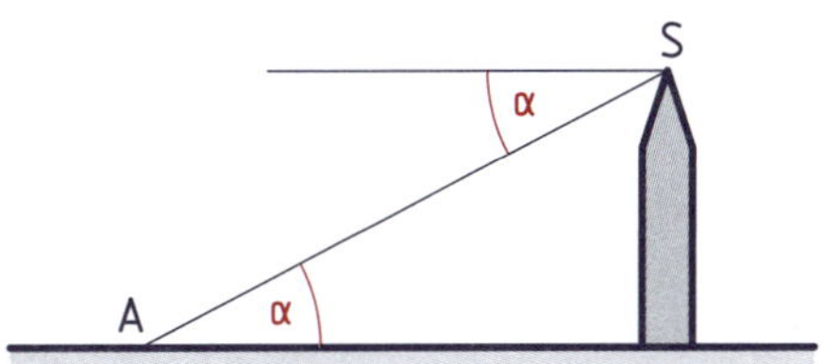

Höhenwinkel – Tiefenwinkel

Mit einem Messgerät wird ein höher liegender Punkt anvisiert. Der Winkel, den die Visierlinie mit der Horizontalebene einschließt, heißt Höhenwinkel. Wird ein tiefer liegender Punkt anvisiert, so heißt der Winkel zwischen Visierlinie und Horizontalebene Tiefenwinkel. Der **Höhenwinkel**, der von Punkt A aus zur Spitze S gemessen wird, und der **Tiefenwinkel**, der von S aus zu A gemessen wird, sind **gleich groß**.

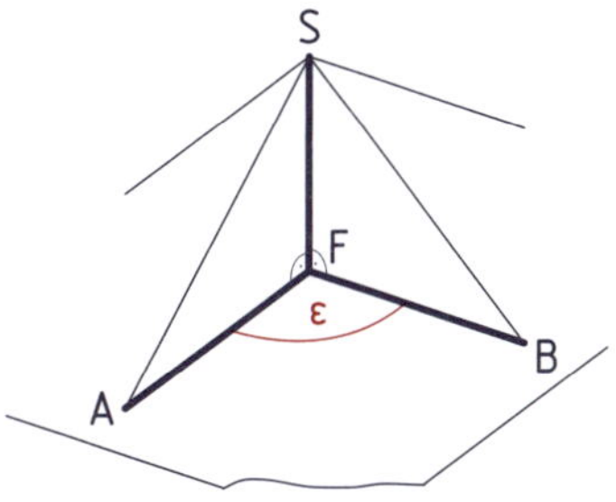

Horizontalwinkel

ε ... Horizontalwinkel, Winkel zwischen zwei Vertikalebenen
A, B, F liegen in einer Horizontalebene.
A, F, S liegen in der ersten Vertikalebene.
B, F, S liegen in der zweiten Vertikalebene.

Beispiel: Von der Spitze eines Berges sieht man zwei Orte A und B, die in derselben Horizontalebene liegen. Von der Spitze, die 1 250 m über den Orten liegt, sieht man Ort A unter einem Tiefenwinkel von $\alpha = 42{,}38°$ und Ort B unter einem Tiefenwinkel von $\beta = 47{,}12°$. Wie weit sind die beiden Orte voneinander entfernt, wenn die Vertikalebenen, in denen die beiden Visierlinien liegen, einen Horizontalwinkel von $\varepsilon = 106{,}85°$ bilden?

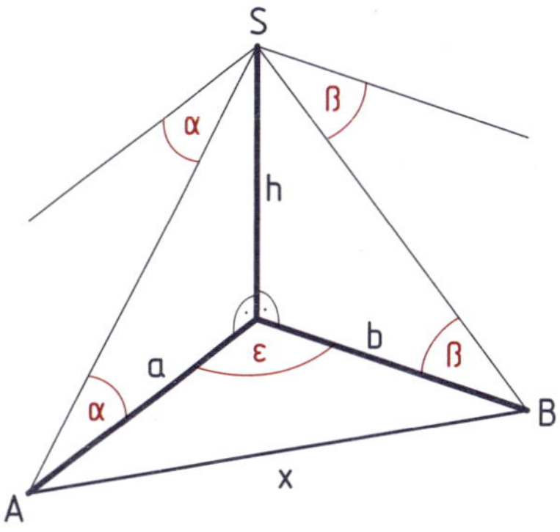

$\tan \alpha = \frac{h}{a}$ $\qquad \tan \beta = \frac{h}{b}$

$a \cdot \tan \alpha = h$ $\qquad b \cdot \tan \beta = h$

$a = \frac{h}{\tan \alpha}$ $\qquad b = \frac{h}{\tan \beta}$

$a = 1\,369{,}88$ m $\qquad b = 1\,160{,}76$ m

$x^2 = a^2 + b^2 - 2ab \cdot \cos \varepsilon$ $\qquad x = 2\,036{,}11\,..$ m

Die beiden Orte liegen ca. 2 036 m voneinander entfernt.

Berechnungen im schiefwinkligen Dreieck

1 Von einem Dreieck ABC kennt man die Seiten $a = 3{,}7$ cm und $c = 4{,}2$ cm sowie den Winkel $\alpha = 43°$. Berechne b und die Winkel β und γ!

2 Von einem Dreieck ABC kennt man die Seite $b = 3{,}73$ m sowie die Winkel $\beta = 65{,}47°$ und $\gamma = 42{,}5°$. Berechne die Länge der Seiten a, c und den Winkel α!

3 Von einem Dreieck ABC kennt man die Seiten $a = 51$ mm und $b = 17$ mm sowie den Winkel $\alpha = 117°42'$. Berechne die Länge der Seite c und die Winkel β und γ!

4 Von einem Dreieck ABC kennt man die Seite $a = 3{,}2$ m und die Winkel $\alpha = 64{,}97°$ und $\beta = 31{,}05°$. Berechne die Länge der Seiten b, c und den Winkel γ!

5 Von einem Dreieck ABC kennt man die Seiten $a = 20$ cm und $c = 20{,}5$ cm sowie den Winkel $\gamma = 81{,}2°$. Berechne die Länge der Seite b sowie die Winkel α und β!

6 Von einem Dreieck ABC kennt man die Seiten $a = 14$ cm und $b = 15$ cm sowie den Winkel $\beta = 67{,}37°$. Berechne die Länge der Seite c sowie die Winkel α und γ!

7 Von einem Dreieck ABC kennt man die Seiten $a = 20$ cm, $b = 13$ cm und $c = 21$ cm. Berechne die Winkel α, β und γ!

8 Von einem Dreieck ABC kennt man die Seiten $a = 11{,}2$ cm und $b = 11{,}8$ cm sowie den Winkel $\gamma = 65°20'$. Berechne die Länge der Seite c sowie die Winkel α und β!

9 Von einem Dreieck ABC kennt man die Seite $b = 5{,}1$ dm, die Höhe $h_b = 1{,}2$ dm und den Winkel $\gamma = 19°$. Berechne die Länge der Seiten a und c sowie die Winkel α und β!

10 Von einem allgemeinen Viereck ABCD kennt man die Seiten $a = \overline{AB} = 49$ mm, $b = \overline{BC} = 47$ mm und $d = \overline{AD} = 35$ mm sowie die Winkel $\alpha = 108°$ und $\beta = 112°$.
Berechne die Länge der Seite c und die Winkel γ und δ!

---

11 Von einem allgemeinen Viereck ABCD kennt man die Seite $a = \overline{AB} = 11{,}4$ cm, $b = \overline{BC} = 9{,}1$ cm, $c = \overline{CD} = 7{,}6$ cm und $d = \overline{AD} = 4{,}3$ cm sowie den Winkel $\beta = 53{,}4°$.
Berechne die Länge der Strecke $\overline{AC}$ sowie die Winkel α, γ und δ!

---

12 Von einem Trapez ABCD kennt man die Seiten $a = 127$ mm, $b = 89$ mm und $c = 24$ mm sowie den Winkel $\beta = 55°41'$. Berechne den Umfang und den Flächeninhalt!

---

13 Von einem Parallelogramm ABCD kennt man die Diagonalen $e = 23{,}8$ cm und $f = 29$ cm sowie den Winkel zwischen den Diagonalen $\varepsilon = 71°40'$. Berechne den Umfang und den Flächeninhalt!

---

14 Von einem Trapez ABCD kennt man die Seiten $a = 26{,}6$ cm, $b = 13{,}2$ cm, $c = 12{,}1$ cm und $e = 18{,}7$ cm. Berechne die Winkel und die fehlende Seite d!

---

15 Von einem Parallelogramm ABCD kennt man die Seite $a = 46{,}2$ cm sowie die Diagonalen $e = 96{,}8$ cm und $f = 65{,}4$ cm. Berechne die Winkel, den Umfang und den Flächeninhalt des Parallelogramms!

---

16 Mithilfe der Standlinie AB (Länge = 106 m) am Ufer eines Sees soll die Lage zweier Bojen P und Q bestimmt werden. Dabei werden folgende Winkel gemessen: $\measuredangle\, PAB = \alpha_1 = 71°$, $\measuredangle\, QAB = \alpha_2 = 35°$, $\measuredangle\, ABP = \beta_1 = 45°$ und $\measuredangle\, ABQ = \beta_2 = 62°$.
Berechne die Entfernung zwischen den beiden Bojen!

---

17 Von der Spitze eines Berges sieht man die Spitze des Kirchturms der Ortschaft A unter dem Tiefenwinkel $\alpha = 34°24'16''$ sowie die Spitze des in derselben Blickrichtung und Horizontalebene befindlichen Kirchturms der Ortschaft B unter dem Tiefenwinkel $\beta = 18°16'27''$.
Wie hoch ist der Berg, wenn die beiden Kirchtürme 2,5 km voneinander entfernt sind?

Überprüfe dein Wissen!

- ☞ Welche zwei Arten der Winkelmessung gibt es?
- ☞ Was versteht man unter dem Einheitskreis?
- ☞ Zeichne die Skizze eines rechtwinkligen Dreiecks und benenne die Seiten!
- ☞ Welcher Zusammenhang besteht zwischen Steigung in Prozent und dem Steigungswinkel einer Straße?
- ☞ Wie wird a) der Sinus- b) Cosinus- c) Tangenswert eines Winkels in einem rechtwinkligen Dreieck definiert?
- ☞ Zeichne a) den Sinus- b) Cosinus- c) Tangenswert eines Winkels im Einheitskreis ein, für (1) $0° < \alpha < 90°$ (2) $90° < \alpha < 180°$ (3) $180° < \alpha < 270°$ (4) $270° < \alpha < 360°$
- ☞ Gib die Vorzeichen der Winkelfunktionen in den 4 Quadranten an!
- ☞ Gib den Zusammenhang zwischen a) $\sin \varphi$, $\cos \varphi$ b) $\sin \varphi$, $\cos \varphi$ und $\tan \varphi$ eines Winkels an!
- ☞ Welche Winkelfunktionen geben einen Zusammenhang zwischen dem Winkel α und dem Komplementärwinkel $90° - \alpha$ an? Gib die Formeln dafür an!
- ☞ Welcher Zusammenhang besteht zwischen den kartesischen Koordinaten eines Punktes $P(x_P/y_P)$ und den Polarkoordinaten $P(r; \varphi)$? Fertige eine Skizze an!
- ☞ Gib die trigonometrische Flächenformel an!
- ☞ Gib den Sinussatz in Worten und als Formel an! Wann wendet man ihn an? Liefert der Sinussatz immer ein eindeutiges Ergebnis? Erkläre!
- ☞ Gib den Cosinussatz als Formel an! Wann wendet man ihn an?
- ☞ Was versteht man bei Vermessungsaufgaben unter dem Höhenwinkel, Tiefenwinkel, Horizontalwinkel?
- ☞ Definiere Horizontalebene, Vertikalebene!

Wende dein Wissen an!

1 Gib Ankathete und Gegenkathete

a) von α

b) von β an!

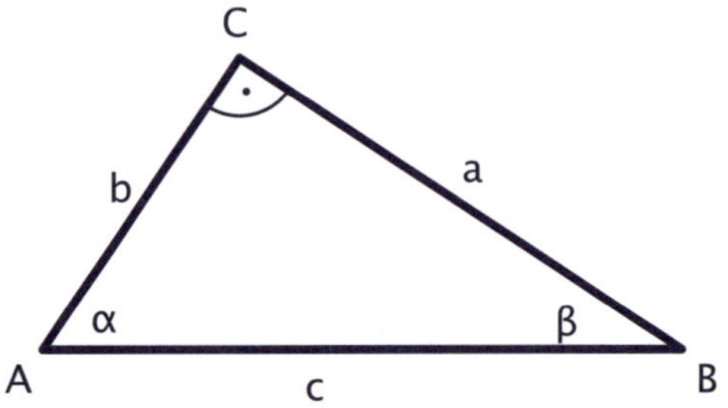

2 Ergänze die Winkelfunktionen für das rechtwinklige Dreieck ABC ($\gamma = 90°$)!

______ $\alpha = \frac{a}{c}$ ______ $\beta = \frac{b}{a}$

______ $\beta = \frac{a}{c}$ ______ $\alpha = \frac{b}{c}$

3 Kreuze die richtigen Aussagen an!

☐ $\tan \beta = \frac{h}{p}$

☐ $\tan \alpha = \frac{c}{b}$

☐ $\tan \beta = \frac{b}{a}$

☐ $\tan \alpha = \frac{q}{b}$

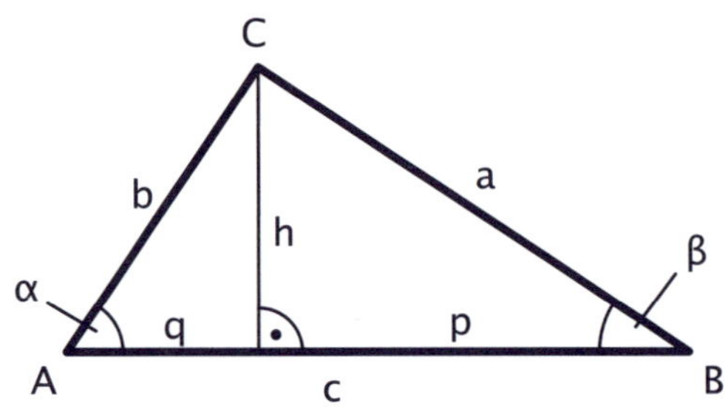

4 Von einem rechtwinkligen Dreieck ABC ($\gamma = 90°$) kennt man a = 52 mm, b = 38 mm. Berechne α und β!

5 Für welche Winkel gilt?

a) $\sin \alpha = -0{,}5$ b) $\cos \alpha = 0{,}87$ c) $\tan \alpha = -1{,}2$

6 Kreuze an!

	0	1	–1	nicht definiert
sin 0°	☐	☐	☐	☐
cos 0°	☐	☐	☐	☐
tan 0°	☐	☐	☐	☐
sin 90°	☐	☐	☐	☐
cos 90°	☐	☐	☐	☐
tan 90°	☐	☐	☐	☐
sin 180°	☐	☐	☐	☐
cos 180°	☐	☐	☐	☐
tan 180°	☐	☐	☐	☐
sin 270°	☐	☐	☐	☐
cos 270°	☐	☐	☐	☐
tan 270°	☐	☐	☐	☐
sin 360°	☐	☐	☐	☐
cos 360°	☐	☐	☐	☐
tan 360°	☐	☐	☐	☐

7 Kreuze an!

	> 0	< 0	nicht definiert
sin 85°	☐	☐	☐
cos 63°	☐	☐	☐
tan 175°	☐	☐	☐
sin 200°	☐	☐	☐
cos 260°	☐	☐	☐
tan 226°	☐	☐	☐
sin 260°	☐	☐	☐
cos 290°	☐	☐	☐

8 Ergänze!

______ $\varepsilon = \frac{r}{t}$ ______ $\varphi = \frac{r}{t}$

______ $\varepsilon = \frac{s}{t}$ ______ $\varphi = \frac{s}{r}$

______ $\varepsilon = \frac{r}{s}$ ______ $\varphi = \frac{s}{t}$

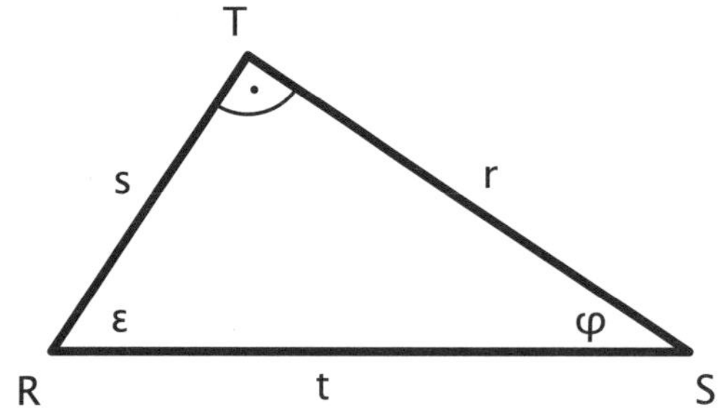

9 Kennzeichne in einem Einheitskreis!

a) sin 60° b) cos 150° c) tan 45°

d) sin 200° e) cos 300° f) tan 150°

10 Richtig oder falsch? Stelle die „rechte Seite“ richtig!

a) $\sin 120° = \sin 60°$ b) $\cos 120° = \cos 60°$

c) $\tan 120° = \tan 60°$ d) $\sin 80° = \sin 280°$

11 Welche Koordinaten gehören zusammen?

a) $P_1(3/4)$	(1) (5; 306,87°)	b) $R_1(6; 200°)$	(1) (5,64/2,05)
$P_2(-3/4)$	(2) (5; 126,87°)	$R_2(6; 340°)$	(2) (–5,64/–2,05)
$P_3(-3/-4)$	(3) (5; 53,13°)	$R_3(6; 20°)$	(3) (–5,64/2,05)
$P_4(3/-4)$	(4) (5; 233,13)	$R_4(6; 160°)$	(4) (5,64/–2,05)

12 Gegeben ist das Deltoid (siehe Skizze).
Berechne α, β, γ!

Skizze zu 12

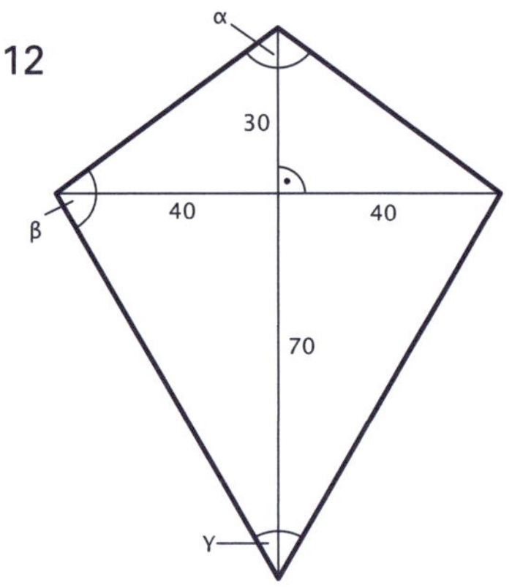

13 An eine Hausmauer wird eine 2,20 m lange Leiter gelehnt.

a) Wie weit muss die Leiter von der Hausmauer entfernt aufgestellt werden, damit der Neigungswinkel der Leiter gegenüber der Grundfläche 60° ist?

b) Wenn der Neigungswinkel der Leiter größer wird, wird dann der Abstand zum Haus größer oder kleiner?

14 Ein Flugdrache ist an einer 80 m langen Schnur befestigt. Der Wind treibt ihn um 30 m ab. Welche Höhe hat der Flugdrache dann und unter welchem Winkel ist die Schnur zur Horizontalebene geneigt?

Vektorrechnung und analytische Geometrie

Vektor

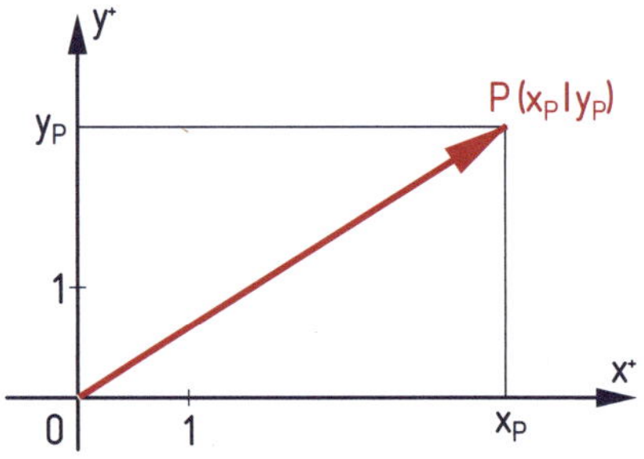

Jeder Punkt P im ebenen Koordinatensystem wird durch zwei Zahlen, ein geordnetes Zahlenpaar, festgelegt. Dieses Zahlenpaar kann in Zeilenform $P(x_P|y_P)$ oder in Spaltenform $P = \begin{pmatrix} x_P \\ y_P \end{pmatrix}$ angegeben werden.

Man kann mit den Koordinaten nicht nur die Lage des Punktes P angeben, sondern auch eine Beschreibung des Ortes bzw. den kürzesten Weg vom Ursprung O zum Punkt P.

Vom Ursprung des Koordinatensystems aus wird die Lage des Punktes P durch den Ortspfeil $\overrightarrow{OP} = \begin{pmatrix} x_P \\ y_P \end{pmatrix}$ angegeben, der kürzeste Weg ist die Länge dieses Pfeils.

Man kann einen Pfeil auch durch Anfangs- und Endpunkt festlegen.

Beispiel: Gib die Pfeile an, die durch die Punkte A(1|1) und B(4|3) bzw. R(–4|–1) und S(–1|1) und U(0|–3) und V(3|–1) festgelegt sind!

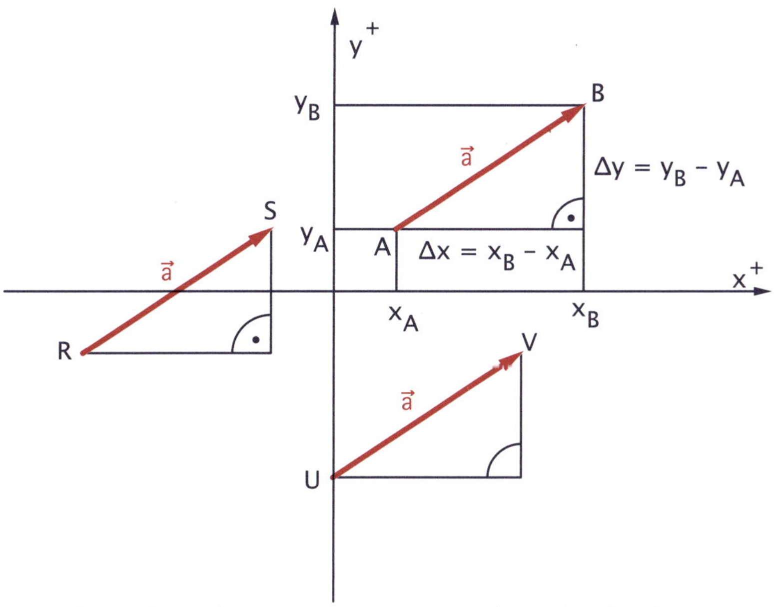

$\vec{a} = \overrightarrow{AB} = \begin{pmatrix} x_B - x_A \\ y_B - y_A \end{pmatrix}$

Merkregel: „Spitze minus Schaft"

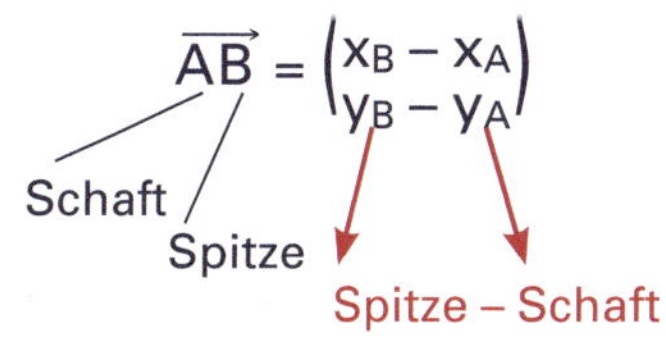

$\overrightarrow{AB} = \begin{pmatrix} 4-1 \\ 3-1 \end{pmatrix} = \begin{pmatrix} 3 \\ 2 \end{pmatrix}$ $\overrightarrow{RS} = \begin{pmatrix} -1-(-4) \\ 1-(-1) \end{pmatrix} = \begin{pmatrix} 3 \\ 2 \end{pmatrix}$ $\overrightarrow{UV} = \begin{pmatrix} 3-0 \\ -1-(-3) \end{pmatrix} = \begin{pmatrix} 3 \\ 2 \end{pmatrix}$

Verschiedene Pfeile können die gleiche Koordinatendarstellung besitzen. Das heißt umgekehrt, dass durch eine Koordinatendarstellung nicht eindeutig ein Pfeil dargestellt werden kann, sondern eine Anzahl von unendlichen Pfeilen, die **gleich lang, parallel** und **gleich orientiert** sind. Diese Menge von Pfeilen wird als **Vektor** bezeichnet. Vektoren, die vom Ursprung ausgehen, werden als **Ortsvektoren** bezeichnet.

Jeder Vektor (Menge von Pfeilen) wird also durch die 3 Größen Länge, Richtung und Orientierung gekennzeichnet.

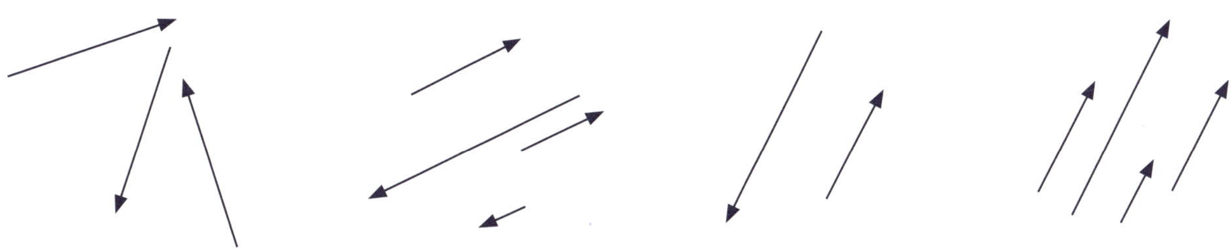

gleich lange Pfeile

verschieden lange, parallele Pfeile (gleich gerichtete Pfeile)

parallele, entgegengesetzt orientierte Pfeile

parallele, gleich orientierte Pfeile

Vektoren sind genau dann gleich, wenn sie in Länge, Richtung und Orientierung übereinstimmen. Die Pfeile im obigen Musterbeispiel sind Repräsentant desselben Vektors $\vec{a} = \begin{pmatrix} 3 \\ 2 \end{pmatrix}$.

Ein **Vektor** kann durch ein **geordnetes Zahlenpaar** angegeben werden, bzw. **geometrisch** durch einen **Pfeil**, der Repräsentant des Vektors genannt wird. Für die Darstellung wählt man entweder einen Kleinbuchstaben mit einem darüber geschriebenen Pfeil oder die Angabe von Anfangs- und Endpunkt.

Addition von Vektoren

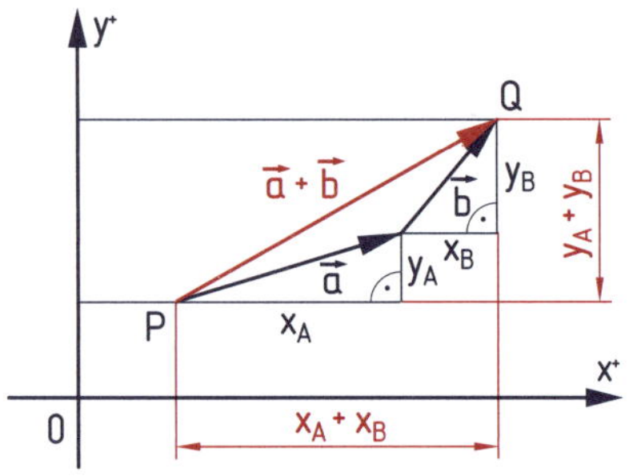

Zwei Vektoren werden addiert, indem man die entsprechenden Koordinaten addiert.

$\vec{a} = \begin{pmatrix} x_a \\ y_a \end{pmatrix}$ $\quad \vec{b} = \begin{pmatrix} x_b \\ y_b \end{pmatrix}$ $\quad \vec{a} + \vec{b} = \begin{pmatrix} x_a + x_b \\ y_a + y_b \end{pmatrix}$

Aus der Definition folgt unmittelbar, dass die Addition kommutativ ist.
Es gilt: $\vec{a} + \vec{b} = \vec{b} + \vec{a}$

Beispiel: Gegeben sind die Vektoren $\vec{a} = \begin{pmatrix} 3 \\ -1 \end{pmatrix}$ und $\vec{b} = \begin{pmatrix} 4 \\ 3 \end{pmatrix}$. Gib den Summenvektor an!

$\vec{a} + \vec{b} = \begin{pmatrix} 3+4 \\ -1+3 \end{pmatrix} = \begin{pmatrix} 7 \\ 2 \end{pmatrix}$ Man muss die entsprechenden Koordinaten addieren.

Beispiel: Von einem Parallelogramm ABCD kennt man die Punkte A(–1|1), B(6|–2), C(10|2). Fertige eine Skizze an und bestimme aus der Zeichnung sowie rechnerisch die Koordinaten von D!

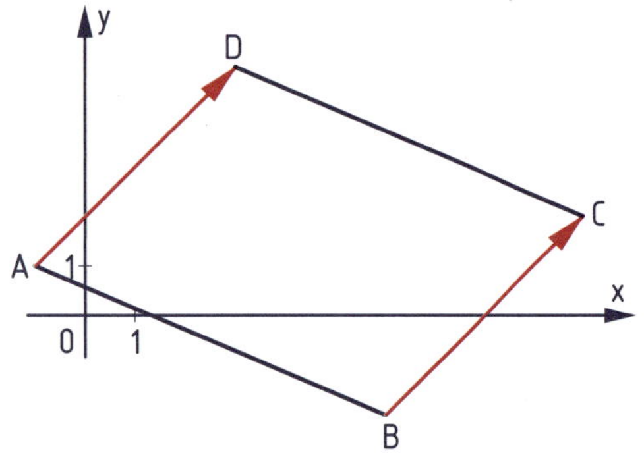

Man erhält die Koordinaten von D, indem man zu A den Vektor $\overrightarrow{AD}$ addiert. Dieser Vektor wird auch durch den Pfeil von $\overrightarrow{BC}$ repräsentiert.

$D = A + \overrightarrow{AD}$ bzw. $D = A + \overrightarrow{BC}$

$D = \begin{pmatrix} -1 \\ 1 \end{pmatrix} + \begin{pmatrix} 4 \\ 4 \end{pmatrix} = \begin{pmatrix} 3 \\ 5 \end{pmatrix} \rightarrow D(3|5)$

Multiplikation eines Vektors mit einem Skalar

Unter einem Skalar versteht man eine ungerichtete Größe (Zahl), im Gegensatz zu einem Vektor, der eine Richtung hat, also eine gerichtete Größe darstellt.

Du weißt, dass man die Multiplikation durch wiederholte Addition ersetzen kann.
Das kann man bei Vektoren genauso machen.

Zum Beispiel: $2\vec{a} = \vec{a} + \vec{a} = \begin{pmatrix} x_a \\ y_a \end{pmatrix} + \begin{pmatrix} x_a \\ y_a \end{pmatrix} = \begin{pmatrix} x_a + x_a \\ y_a + y_a \end{pmatrix} = \begin{pmatrix} 2x_a \\ 2y_a \end{pmatrix}$

Ein Vektor wird mit einem Skalar $c \in \mathbb{R}$ multipliziert, indem man jede Koordinate mit dem Skalar multipliziert:

$$c \cdot \vec{a} = c \cdot \begin{pmatrix} x_a \\ y_a \end{pmatrix} = \begin{pmatrix} c \cdot x_a \\ c \cdot y_a \end{pmatrix}$$

Die Multiplikation des Vektors mit einem Skalar ergibt wieder einen Vektor gleicher Richtung.

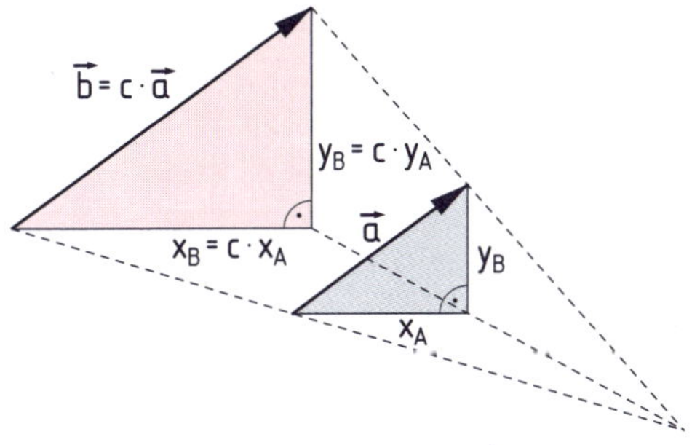

In der Zeichung kann man erkennen, dass aufgrund des Strahlensatzes der Vektor und sein Vielfaches parallel sein müssen.

Zwei Vektoren sind genau dann parallel, wenn ein Vektor ein Vielfaches des anderen Vektors ist, d. h. wenn sie zueinander proportional sind!

Sonderfälle

Für $c = 0$ gilt: $0 \cdot \vec{a} = 0 \cdot \begin{pmatrix} x_a \\ y_a \end{pmatrix} = \begin{pmatrix} 0 \cdot x_a \\ 0 \cdot y_a \end{pmatrix} = \begin{pmatrix} 0 \\ 0 \end{pmatrix}$

Der Vektor mit den Koordinaten $\begin{pmatrix} 0 \\ 0 \end{pmatrix}$ heißt **Nullvektor** $\vec{o}$. Er hat die Länge 0.

Für $c = -1$ gilt: $(-1) \cdot \vec{a} = -\vec{a} = (-1) \cdot \begin{pmatrix} x_a \\ y_a \end{pmatrix} = \begin{pmatrix} -1 \cdot x_a \\ -1 \cdot y_a \end{pmatrix} = \begin{pmatrix} -x_a \\ -y_a \end{pmatrix}$

Der Vektor $-\vec{a}$ heißt **inverser** Vektor (Gegenvektor).
$\vec{a}$ und $-\vec{a}$ haben dieselbe Länge, dieselbe Richtung (sie sind zueinander parallel), aber die entgegengesetzte Orientierung.
Es gilt: $\vec{a} + (-\vec{a}) = \vec{o}$

Für $c = 1$ erhält man denselben Vektor: $1 \cdot \vec{a} = \vec{a}$

Überprüfe, ob die gegebenen Vektoren parallel sind!

a) $\vec{a} = \begin{pmatrix} 5 \\ -2 \end{pmatrix}$ und $\vec{b} = \begin{pmatrix} 15 \\ -6 \end{pmatrix}$ Beim Vektor $\vec{b}$ kann man die Konstante 3 herausheben.

$$\vec{b} = \begin{pmatrix} 15 \\ -6 \end{pmatrix} = 3 \cdot \begin{pmatrix} 5 \\ -2 \end{pmatrix}$$

$\vec{b}$ ist ein Vielfaches des Vektors $\vec{a}$. → Die beiden Vektoren sind parallel.

b) $\vec{a} = \overrightarrow{AB}$ mit A(–5|3), B(4|–6) und $\vec{b} = \begin{pmatrix} 2 \\ -2 \end{pmatrix}$

$\vec{a} = \overrightarrow{AB} = \begin{pmatrix} 9 \\ -9 \end{pmatrix} = 9 \cdot \begin{pmatrix} 1 \\ -1 \end{pmatrix}$ Berechnung der Koordinaten von $\vec{a}$, Herausheben

auch bei $\vec{b}$ kann man herausheben: $\vec{b} = 2 \begin{pmatrix} 1 \\ -1 \end{pmatrix} \rightarrow \vec{a} \parallel \vec{b}$

Die Vektoren $\vec{a} = \begin{pmatrix} -2 \\ y_a \end{pmatrix}$ und $\vec{b} = \begin{pmatrix} 6 \\ -21 \end{pmatrix}$ sind parallel. Bestimme die unbekannte Koordinate!

Wenn die Vektoren parallel sind, dann muss $\vec{b}$ ein Vielfaches von $\vec{a}$ sein. –2 ist mit –3 zu multiplizieren, um auf 6 zu kommen, d. h. es muss auch y_a mit (–3) multipliziert werden, um –21 zu erhalten.

$y_a \cdot (-3) = -21 \rightarrow y_a = 7$ Der Vektor $\vec{a}$ hat daher die Koordinaten $\begin{pmatrix} -2 \\ 7 \end{pmatrix}$.

Subtraktion von Vektoren

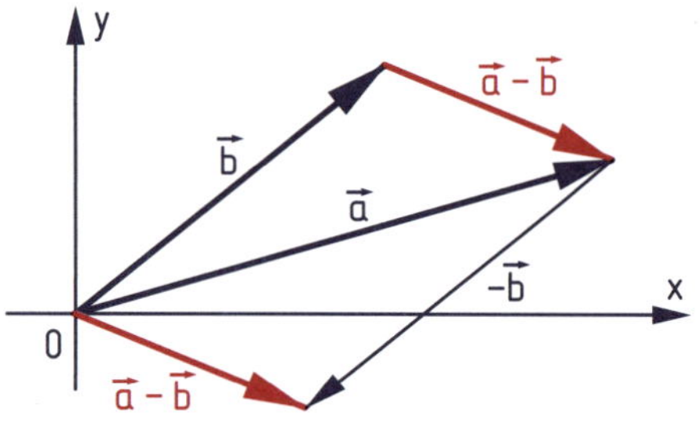

Die Subtraktion zweier Vektoren lässt sich durch die Addition des inversen Vektors ersetzen:

$\vec{a} - \vec{b} = \vec{a} + (-\vec{b})$

Zwei Vektoren werden subtrahiert, indem man die entsprechenden Koordinaten subtrahiert.

$\vec{a} = \begin{pmatrix} x_a \\ y_a \end{pmatrix}$ $\quad \vec{b} = \begin{pmatrix} x_b \\ y_b \end{pmatrix}$ $\quad \vec{a} - \vec{b} = \begin{pmatrix} x_a - x_b \\ y_a - y_b \end{pmatrix}$

Gegeben ist der Vektor $\vec{a} = \begin{pmatrix} 6 \\ -5 \end{pmatrix}$ und der Vektor $\vec{b} = \begin{pmatrix} 4 \\ -3 \end{pmatrix}$. Gib den Differenzenvektor an!

$\vec{a} - \vec{b} = \begin{pmatrix} 6 - 4 \\ -5 - (-3) \end{pmatrix} = \begin{pmatrix} 2 \\ -2 \end{pmatrix}$ Man muss die entsprechenden Koordinaten subtrahieren.

Betrag eines Vektors

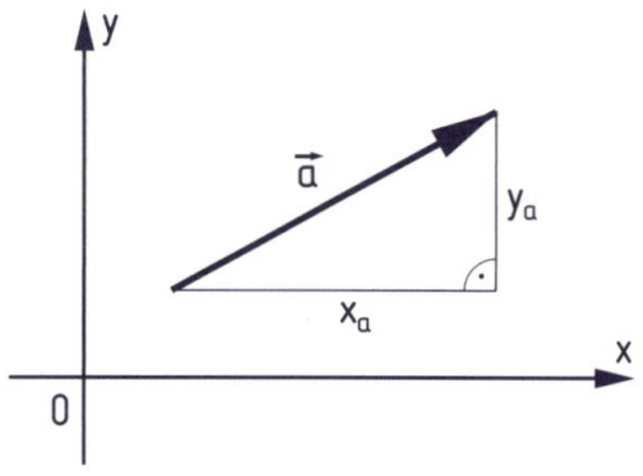

Unter dem Betrag des Vektors $\vec{a}$ versteht man die Länge eines ihn repräsentierenden Pfeils. Mithilfe des pytagoreischen Lehrsatzes kann man die Länge errechnen:

$|\vec{a}| = \sqrt{x_a^2 + y_a^2}$

Gib die Länge der Vektoren $\vec{a} = \begin{pmatrix} 4 \\ 3 \end{pmatrix}$ und $\vec{b} = \begin{pmatrix} 7 \\ -3 \end{pmatrix}$ an!

$|\vec{a}| = \sqrt{4^2 + 3^2} = \sqrt{16 + 9} = \sqrt{25} = 5$ $\quad |\vec{b}| = \sqrt{7^2 + (-3)^2} = \sqrt{49 + 9} = \sqrt{58} = 7{,}615..$

Berechne im Dreieck ABC [A(–1|–1), B(4|2), C(1|4)] die Länge der Seiten.

Aus den Seitenvektoren kann man die Länge der Seiten berechnen.

$\overrightarrow{AB} = \begin{pmatrix} 5 \\ 3 \end{pmatrix}$ $\quad |\overrightarrow{AB}| = \sqrt{5^2 + 3^2} = \sqrt{34} = 5{,}83..$ $\quad a = 5{,}8$ cm

$\overrightarrow{AC} = \begin{pmatrix} 2 \\ 5 \end{pmatrix}$ $\quad |\overrightarrow{AC}| = \sqrt{2^2 + 5^2} = \sqrt{29} = 5{,}38..$ $\quad b = 5{,}4$ cm

$\overrightarrow{BC} = \begin{pmatrix} -3 \\ 2 \end{pmatrix}$ $\quad |\overrightarrow{BC}| = \sqrt{(-3)^2 + 2^2} = \sqrt{13} = 3{,}60..$ $\quad a = 3{,}6$ cm

Überprüfe, ob das gegebene Viereck ABCD [A(−1|2), B(4|2), C(7|6), D(2|6)] eine Raute darstellt!

Wir wissen, dass bei einer Raute alle Seiten gleich lang sind.

$\overrightarrow{AB} = \begin{pmatrix} 5 \\ 0 \end{pmatrix}$ $\quad |\overrightarrow{AB}| = \sqrt{5^2 + 0^2} = \sqrt{25} = 5$

$\overrightarrow{AD} = \begin{pmatrix} 3 \\ 4 \end{pmatrix}$ $\quad |\overrightarrow{AD}| = \sqrt{3^2 + 4^2} = \sqrt{25} = 5$

$\overrightarrow{BC} = \begin{pmatrix} 3 \\ 4 \end{pmatrix}$ $\quad |\overrightarrow{BC}| = \sqrt{3^2 + 4^2} = \sqrt{25} = 5$

$\overrightarrow{CD} = \begin{pmatrix} -5 \\ 0 \end{pmatrix}$ $\quad |\overrightarrow{CD}| = \sqrt{(-5)^2 + 0^2} = \sqrt{25} = 5$

Da alle Seiten gleich lang sind, liegt eine Raute vor.

Anmerkung: Um zu überprüfen, ob eine Raute oder der Sonderfall Quadrat vorliegt, muss man die Winkel zweier benachbarter Seiten berechnen. Siehe dazu Orthogonalitätsbedingung.

Einheitsvektoren

Eine wichtige Anwendung der Vektorrechnung ist, mithilfe von Vektoren Richtungen anzugeben. So kann man z. B. die Richtung von Geraden mithilfe eines (Richtungs-)Vektors festlegen. Dabei ist die Länge des Vektors völlig unerheblich, es geht lediglich um die Richtung, in der die Gerade verläuft. Richtungsvektoren werden daher immer mit den einfachsten (d. h. gekürzten) Zahlenpaaren angeschrieben. Man kann also einen Skalar herausheben, erhält einen parallelen Vektor und bekommt so eine vereinfachte Darstellung des Richtungsvektors.

$\vec{a} = \begin{pmatrix} 12 \\ 18 \end{pmatrix} = 6 \cdot \begin{pmatrix} 2 \\ 3 \end{pmatrix}$ Wenn man nur die Richtung durch einen Vektor festlegen will,

kann man den vereinfachten (parallelen) Vektor $\begin{pmatrix} 2 \\ 3 \end{pmatrix}$ nehmen.

Oft ist es günstig, mit einem Richtungsvektor zu rechnen, der die Länge 1 hat.
Dieser Vektor wird Einheitsvektor $\overrightarrow{a_0}$ genannt.
Man erhält ihn, wenn man durch die Länge (Betrag) des Vektors dividiert.

Der zum Vektor $\vec{a}$ parallele Vektor $\overrightarrow{a_0} = \frac{\vec{a}}{|\vec{a}|} = \frac{1}{|\vec{a}|} \cdot \vec{a}$ heißt Einheitsvektor des Vektors $\vec{a}$.

Der Einheitsvektor hat die Länge (den Betrag) 1.

Das Verfahren, um einen Vektor auf seinen Einheitsvektor zu bringen, heißt **normieren**.

Berechne die Einheitsvektoren der gegeben Vektoren $\vec{a} = \begin{pmatrix} 3 \\ -4 \end{pmatrix}$, $\vec{b} = \begin{pmatrix} 6 \\ 5 \end{pmatrix}$ und $\vec{c} = \begin{pmatrix} -15 \\ 36 \end{pmatrix}$!

$|\vec{a}| = \sqrt{3^2 + (-4)^2} = \sqrt{9 + 16} = \sqrt{25} = 5$

$$\vec{a_0} = \frac{1}{5} \cdot \begin{pmatrix} 3 \\ -4 \end{pmatrix} \text{ oder } \vec{a_0} = \begin{pmatrix} \frac{3}{5} \\ \frac{-4}{5} \end{pmatrix}$$

$|\vec{b}| = \sqrt{6^2 + 5^2} = \sqrt{36 + 25} = \sqrt{69}$

$$\vec{b_0} = \frac{1}{61} \cdot \begin{pmatrix} 6 \\ 5 \end{pmatrix}$$

$|\vec{c}| = \sqrt{(-15)^2 + 36^2} = \sqrt{225 + 1\,296} = \sqrt{1\,521} = 39$

$$\vec{c_0} = \frac{1}{39} \cdot \begin{pmatrix} -15 \\ 36 \end{pmatrix}$$

Man kann den Vektor vereinfachen und erhält:

$$\vec{c_0} = \frac{1}{39} \cdot 3 \cdot \begin{pmatrix} -5 \\ 12 \end{pmatrix} = \frac{1}{13} \cdot \begin{pmatrix} -5 \\ 12 \end{pmatrix}$$

Man hätte den gegebenen Vektor schon vor der Berechnung der Länge „kürzen" und mit dem vereinfachten Vektor weiterrechnen können.

$$\vec{c} = \begin{pmatrix} -15 \\ 36 \end{pmatrix} = 3 \cdot \begin{pmatrix} -5 \\ 12 \end{pmatrix}$$

$$\left|\begin{pmatrix} -5 \\ 12 \end{pmatrix}\right| = \sqrt{(-5)^2 + 12^2} = \sqrt{25 + 144} = \sqrt{169} = 13$$

$$\vec{c_0} = \frac{1}{13} \cdot \begin{pmatrix} -5 \\ 12 \end{pmatrix}$$

Beim Vereinfachen von Vektoren muss man immer darauf achten, ob es nur auf die Richtung ankommt, oder ob auch die Länge eine Rolle spielt.

Wenn es nur auf die **Richtung** ankommt (z. B. von einer Geraden, einer Strecke etc.), ist es günstig, den Vektor zu **vereinfachen**. Manchmal ergeben sich daraus sogar Rechenvorteile.

Kommt es allerdings auf die **Länge** des Vektors an, dann darf **nicht vereinfacht** werden, z. B. bei der Berechnung von Seitenlängen, Abständen, usw.

Das skalare Produkt

Normalvektoren

Zwei vom Nullvektor verschiedene Vektoren $\vec{a}$ und $\vec{b}$ heißen zueinander normal, wenn die zugehörigen Pfeile aufeinander normal stehen.

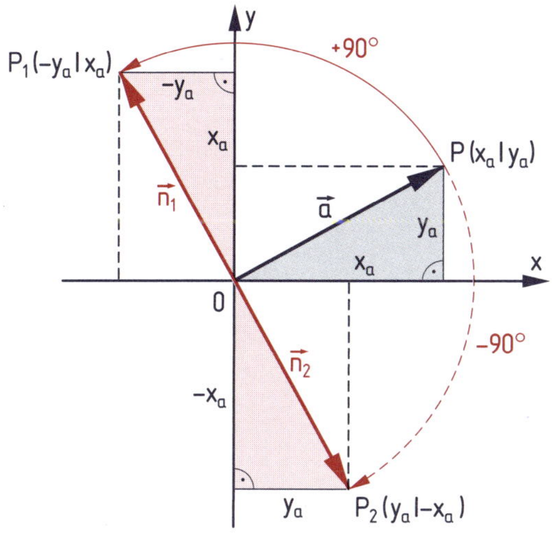

Durch die Drehung um +90° bzw. −90° geht der Vektor $\vec{a} = \begin{pmatrix} x_a \\ y_a \end{pmatrix}$ in die Vektoren $\vec{n_1} = \begin{pmatrix} -y_a \\ x_a \end{pmatrix}$ bzw. $\vec{n_2} = \begin{pmatrix} y_a \\ -x_a \end{pmatrix}$ über.

Die zum Vektor $\vec{a} = \begin{pmatrix} x_a \\ y_a \end{pmatrix}$ gehörigen Normalvektoren haben die Koordinaten $\vec{n_1} = \begin{pmatrix} -y_a \\ x_a \end{pmatrix}$ bzw. $\vec{n_2} = \begin{pmatrix} y_a \\ -x_a \end{pmatrix}$. Die Normalvektoren $\vec{n_1}$ und $\vec{n_2}$ haben dieselbe Länge wie der Vektor $\vec{a}$.

$\vec{n_1}$ und $\vec{n_2}$ sind entgegengesetzt orientiert.

Man erhält aus einem gegebenen Vektor den **Normalvektor**, indem man die **Koordinaten vertauscht und eine der beiden Koordinaten mit (−1) multipliziert**.

Beispiel: Von einem Quadrat kennt man die Eckpunkte A(1|−2) und B(5|−3). Ermittle zeichnerisch und rechnerisch die Koordinaten der fehlenden Eckpunkte C und D!

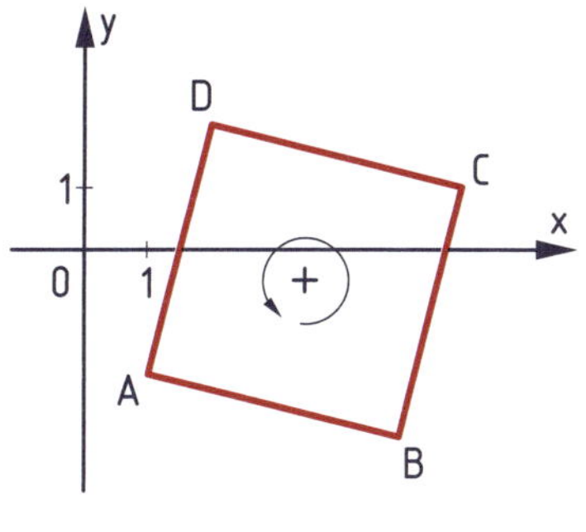

$\overrightarrow{AB} = \begin{pmatrix} 4 \\ -1 \end{pmatrix}$

$\overrightarrow{AD}$ ist ein Normalvektor auf $\overrightarrow{AB}$: Vertausche die Koordinaten und multipliziere eine mit (−1)!

$\overrightarrow{AD}: \begin{pmatrix} 1 \\ 4 \end{pmatrix}$ oder $\begin{pmatrix} -1 \\ -4 \end{pmatrix}$

Aufgrund der Zeichnung ist der Normalvektor $\begin{pmatrix} 1 \\ 4 \end{pmatrix}$ jener, der zum Punkt D führt. Der andere Normalvektor ist zwar richtig, liefert aber ein Quadrat mit negativem Umlaufsinn.

$D = A + \begin{pmatrix} 1 \\ 4 \end{pmatrix}$ $\quad D = \begin{pmatrix} 1 \\ -2 \end{pmatrix} + \begin{pmatrix} 1 \\ 4 \end{pmatrix} = \begin{pmatrix} 2 \\ 2 \end{pmatrix} \rightarrow D(2|2)$

Die Koordinaten von C werden auf die gleiche Weise errechnet.
Beachte: Der Normalvektor ist der gleiche.

$C = B + \overrightarrow{BC} = B + \overrightarrow{AD}$

$C = B + \begin{pmatrix} 1 \\ 4 \end{pmatrix}$ $\qquad C = \begin{pmatrix} 5 \\ -3 \end{pmatrix} + \begin{pmatrix} 1 \\ 4 \end{pmatrix} = \begin{pmatrix} 6 \\ 1 \end{pmatrix} \rightarrow C(6|1)$

Skalares Produkt von Vektoren

Man kann den Gesamtpreis eines Einkaufs aus der Stückzahl der einzelnen Posten und des Preises, den man für jeden einzelnen Posten bezahlt, errechnen.

Beispiel: Es werden 5 Hefte zu 1 € pro Stück und 3 Stifte zu 2 € pro Stück gekauft.

a) Berechne den Gesamtpreis P!

b) Stelle eine Formel für a_1 Hefte zum Preis von b_1 Euro bzw. a_2 Stiften zum Preis von b_2 Euro auf!

a) $P = 5 \cdot 1 + 3 \cdot 2 = 5 + 6 = 11$
Man muss 11 € bezahlen.

b) $P = a_1 \cdot b_1 + a_2 \cdot b_2$

Mithilfe von Vektoren kann man die Rechnung auch so anschreiben:

$$P = \begin{pmatrix} a_1 \\ a_2 \end{pmatrix} \cdot \begin{pmatrix} b_1 \\ b_2 \end{pmatrix} = a_1 \cdot b_1 + a_2 \cdot b_2$$

Stückzahl-vektor $\quad$ Preiszahl-vektor

Dieses Produkt der Vektoren, bei dem das Ergebnis eine Zahl (= Skalar) ist, wird als **skalares Produkt zweier Vektoren** bezeichnet:

$\vec{a} = \begin{pmatrix} x_a \\ y_a \end{pmatrix}$ $\qquad \vec{b} = \begin{pmatrix} x_b \\ y_b \end{pmatrix}$ $\qquad \vec{a} \cdot \vec{b} = x_a \cdot x_b + y_a \cdot y_b$

Beispiel: Berechne das skalare Produkt der Vektoren $\vec{a} = \begin{pmatrix} 3 \\ -4 \end{pmatrix}$ und $\vec{b} = \begin{pmatrix} 7 \\ 2 \end{pmatrix}$!

$\vec{a} \cdot \vec{b} = 3 \cdot 7 + (-4) \cdot 2$
$\vec{a} \cdot \vec{b} = 21 - 8$
$\vec{a} \cdot \vec{b} = 13$

Orthogonalitätsbedingung

Zwei Vektoren stehen genau dann aufeinander normal, sind genau dann orthogonal, wenn ihr skalares Produkt Null ist: $\vec{a} \perp \vec{b} \Leftrightarrow \vec{a} \cdot \vec{b} = 0$

Bilde das skalare Produkt von $\vec{a} = \begin{pmatrix} x_a \\ y_a \end{pmatrix}$ mit seinen Normalvektoren $\vec{n_1} = \begin{pmatrix} -y_a \\ x_a \end{pmatrix}$ und $\vec{n_2} = \begin{pmatrix} y_a \\ -x_a \end{pmatrix}$!

$\vec{a} \cdot \vec{n_1} = \begin{pmatrix} x_a \\ y_a \end{pmatrix} \cdot \begin{pmatrix} -y_a \\ x_a \end{pmatrix} = x_a \cdot (-y_a) + y_a \cdot x_a = -x_a \cdot y_a + x_a \cdot y_a = 0$

$\vec{a} \cdot \vec{n_2} = \begin{pmatrix} x_a \\ y_a \end{pmatrix} \cdot \begin{pmatrix} y_a \\ -x_a \end{pmatrix} = x_a \cdot y_a + y_a \cdot (-x_a) = x_a \cdot y_a - x_a \cdot y_a = 0$

Das skalare Produkt aus dem Vektor und seinem Normalvektor ist Null.

Überprüfe, ob die gegeben Vektoren orthogonal sind!

a) $\vec{a} = \begin{pmatrix} -1 \\ 2 \end{pmatrix}, \vec{b} = \begin{pmatrix} 4 \\ 2 \end{pmatrix}$ $\quad \vec{a} \cdot \vec{b} = -1 \cdot 4 + 2 \cdot 2 = -4 + 4 = 0 \quad \rightarrow \vec{a} \perp \vec{b}$

b) $\vec{c} = \begin{pmatrix} 6 \\ -5 \end{pmatrix}, \vec{d} = \begin{pmatrix} 15 \\ 16 \end{pmatrix}$ $\quad \vec{c} \cdot \vec{d} = 6 \cdot 15 + (-5) \cdot 16 = 90 - 80 = 10 \neq 0$

$\rightarrow \vec{c}$ und $\vec{d}$ stehen nicht aufeinander normal.

Ergänze die fehlende Koordinaten des Vektors $\vec{b} = \begin{pmatrix} 2 \\ y_b \end{pmatrix}$ so, dass $\vec{b}$ normal auf $\vec{a} = \begin{pmatrix} 3 \\ 2 \end{pmatrix}$ ist!

$\vec{a} \perp \vec{b} \Rightarrow \vec{a} \cdot \vec{b} = 0$

$3 \cdot 2 + y_b \cdot 2 = 0$

$2y_b = -6$

$y_b = -3$

Zeige, dass das Dreieck ABC [A(–4|0), B(3|–1), C(–3|7)] rechtwinklig ist. Verwende dazu **a)** die Orthogonalitätsbedingung und **b)** den pythagoreischen Lehrsatz!

a) $\overrightarrow{AB} = \begin{pmatrix} 7 \\ -1 \end{pmatrix}$ $\quad \overrightarrow{AC} = \begin{pmatrix} 1 \\ 7 \end{pmatrix}$ $\quad \overrightarrow{BC} = \begin{pmatrix} -6 \\ 8 \end{pmatrix}$

$\overrightarrow{AB} \cdot \overrightarrow{AC} = 7 \cdot 1 + (-1) \cdot 7 = 0 \quad \rightarrow \overrightarrow{AB} \perp \overrightarrow{AC}$

Das Dreieck $\triangle$ ABC ist rechtwinklig mit dem rechten Winkel im Punkt A.

b) $|\overrightarrow{AB}| = \sqrt{7^2 + (-1)^2} = \sqrt{49 + 1} = \sqrt{50}$

$|\overrightarrow{AC}| = \sqrt{1^2 + 7^2} = \sqrt{1 + 49} = \sqrt{50}$

$|\overrightarrow{BC}| = \sqrt{(-6)^2 + 8^2} = \sqrt{36 + 64} = \sqrt{100}$

$|\overrightarrow{BC}|^2 = |\overrightarrow{AB}|^2 + |\overrightarrow{AC}|^2$

$(\sqrt{100})^2 = (\sqrt{50})^2 + (\sqrt{50})^2$

$100 = 50 + 50$ w. A.

Es liegt ein rechtwinkliges Dreieck vor.
Die Hypotenuse ist BC, der gegenüberliegende Winkel in A ist ein rechter Winkel.

Winkel zwischen zwei Vektoren

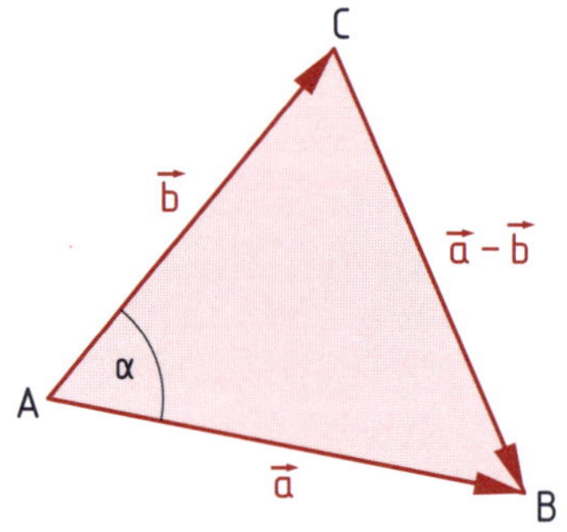

Gegeben sind zwei Vektoren $\vec{a} = \overrightarrow{AB}$ und $\vec{b} = \overrightarrow{AC}$.
Sie bilden das Dreieck ABC.
Die dritte Seite ist der Differenzvektor von $\vec{a}$ und $\vec{b}$.

$\overrightarrow{CB} = -\vec{b} + \vec{a} = \vec{a} - \vec{b}$ mit

$\vec{a} = \begin{pmatrix} x_a \\ y_a \end{pmatrix}, \vec{b} = \begin{pmatrix} x_b \\ y_b \end{pmatrix}$ und $\vec{a} - \vec{b} = \begin{pmatrix} x_a - x_b \\ y_a - y_b \end{pmatrix}$

Um den Winkel α zu berechnen, wendet man den Cosinussatz an:

$|\vec{a} - \vec{b}|^2 = |\vec{a}|^2 + |\vec{b}|^2 - 2 \cdot |\vec{a}| \cdot |\vec{b}| \cdot \cos\alpha$

Wenn man den Betrag des Vektors errechnet und anschließend quadriert, fällt die Wurzel weg.

$$(x_a - x_b)^2 + (y_a - y_b)^2 = (x_a^2 + y_a^2) + (x_b^2 + y_b^2) - 2 \cdot |\vec{a}| \cdot |\vec{b}| \cdot \cos\alpha$$

$$x_a^2 - 2x_ax_b + x_b^2 + y_a^2 - 2y_ay_b + y_b^2 = x_a^2 + y_a^2 + x_b^2 + y_b^2 - 2 \cdot |\vec{a}| \cdot |\vec{b}| \cdot \cos\alpha \quad | -x_a^2 - x_b^2 - y_a^2 - y_b^2$$

$$-2x_ax_b - 2y_ay_b = -2 \cdot |\vec{a}| \cdot |\vec{b}| \cdot \cos\alpha$$

$$-2 \cdot (x_ax_b + y_ay_b) = -2 \cdot |\vec{a}| \cdot |\vec{b}| \cdot \cos\alpha \quad | :(-2)$$

$$x_ax_b + y_ay_b = |\vec{a}| \cdot |\vec{b}| \cdot \cos\alpha$$

$x_ax_b + y_ay_b$ … skalares Produkt von $\vec{a}$ und $\vec{b}$

$$\vec{a} \cdot \vec{b} = |\vec{a}| \cdot |\vec{b}| \cdot \cos\alpha \quad | : (|\vec{a}| \cdot |\vec{b}|)$$

$$\cos\alpha = \frac{\vec{a} \cdot \vec{b}}{|\vec{a}||\vec{b}|}$$

Für den Winkel zwischen den Vektoren $\vec{a}$ und $\vec{b}$ gilt: $\sphericalangle(\vec{a}, \vec{b}) \Rightarrow \cos\alpha = \frac{\vec{a} \cdot \vec{b}}{|\vec{a}||\vec{b}|}$

Beispiel: Zeichne die beiden Vektoren $\vec{a} = \begin{pmatrix} 3 \\ -1 \end{pmatrix}$ und $\vec{b} = \begin{pmatrix} 5 \\ 4 \end{pmatrix}$.

Bestimme den Winkel zwischen den Vektoren **a)** zeichnerisch und **b)** rechnerisch!

a)

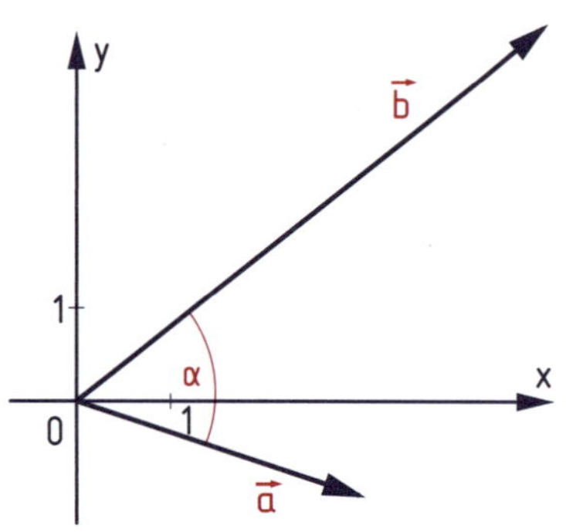

Aus der Zeichnung kann man die Größe des Winkels α entnehmen.
(Zeichnung ist maßstabgetreu verkleinert.)
α = 57°

b) $\vec{a} \cdot \vec{b} = \begin{pmatrix} 3 \\ -1 \end{pmatrix} \cdot \begin{pmatrix} 5 \\ 4 \end{pmatrix} = 3 \cdot 5 + (-1) \cdot 4 = 11$

$|\vec{a}| = \sqrt{3^2 + (-1)^2} = \sqrt{10}$

$|\vec{b}| = \sqrt{5^2 + 4^2} = \sqrt{41}$

$\cos\alpha = \frac{\vec{a} \cdot \vec{b}}{|\vec{a}||\vec{b}|}$

$\cos\alpha = \frac{11}{\sqrt{10} \cdot \sqrt{41}} = 0{,}543\,2\ldots$

$\alpha = 57{,}094..°$

$\alpha = 57{,}09°$

Projektion eines Vektors auf einen anderen

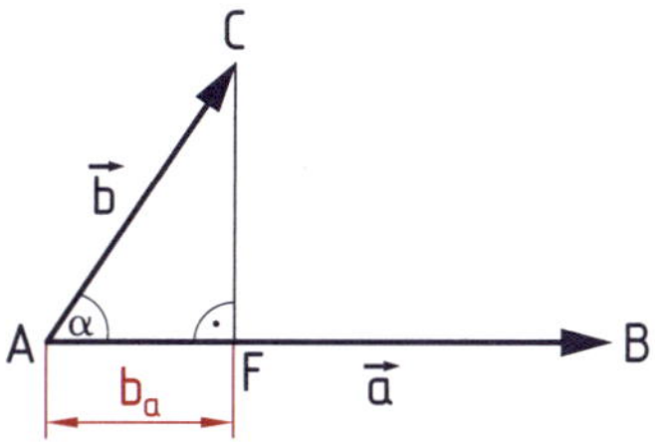

Wenn man vom Endpunkt C des Vektors $\vec{b}$ eine Normale auf den Vektor $\vec{a}$ zeichnet, erhält man die Strecke AF. Die Länge dieser Strecke wird als die Normalprojektion des Vektors $\vec{b}$ auf den Vektor $\vec{a}$ bezeichnet.

Den Winkel α kann man auf zweifache Weise errechnen.

Im rechtwinkligen △ AFC gilt:

$\cos \alpha = \frac{AK}{HY}$

$\cos \alpha = \frac{b_a}{|\vec{b}|}$

Mithilfe der Formel für die Errechnung des Winkels zwischen den beiden Vektoren $\vec{a}$ und $\vec{b}$:

$\cos \alpha = \frac{\vec{a} \cdot \vec{b}}{|\vec{a}||\vec{b}|}$

Gleichsetzen

$\frac{b_a}{|\vec{b}|} = \frac{\vec{a} \cdot \vec{b}}{|\vec{a}||\vec{b}|} \qquad | \cdot |\vec{b}|$

$b_a = \left| \frac{\vec{a} \cdot \vec{b}}{|\vec{a}|} \right|$

Für die Normalprojektion des Vektors $\vec{b}$ auf den Vektor $\vec{a}$ gilt: $b_a = \left| \frac{\vec{a} \cdot \vec{b}}{|\vec{a}|} \right|$

Beispiel: Berechne die Länge der Normalprojektion des Vektors $\vec{b} = \binom{5}{3}$ auf den Vektor $\vec{a} = \binom{7}{-2}$!

$b_a = \left| \frac{\vec{a} \cdot \vec{b}}{|\vec{a}|} \right|$

$\vec{a} \cdot \vec{b} = 5 \cdot 7 + 3 \cdot (-2) = 29$

$|\vec{a}| = \sqrt{7^2 + (-2)^2} = \sqrt{53}$

$b_a = \frac{29}{\sqrt{53}} = 3{,}98..$

$b_a = 4{,}0$ cm

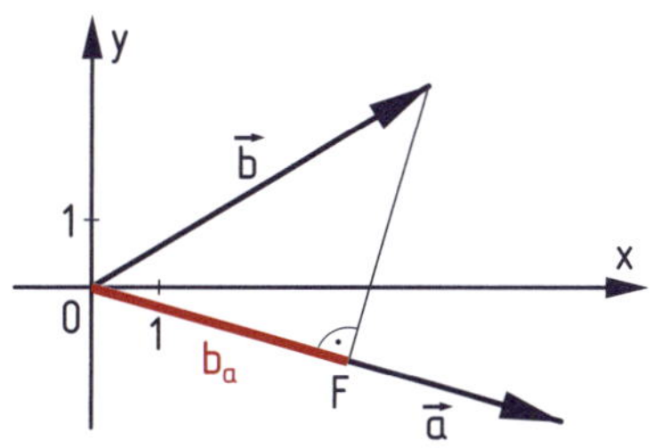

Beispiel: Gegeben ist das Dreieck ABC [A(–3|–2), B(10|–3), C(4|4)]. Zeige, dass es sich um ein rechtwinkliges Dreieck handelt. Berechne die Hypotenusenabschnitte p und q!

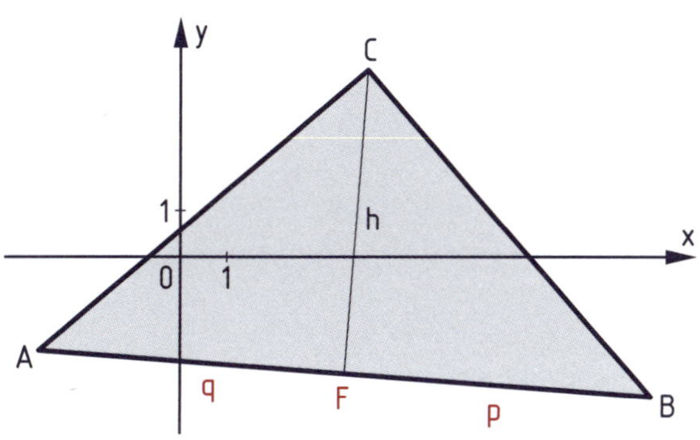

$\overrightarrow{AB} = \binom{13}{-1}$

$\overrightarrow{AC} = \binom{7}{6}$

$\overrightarrow{BC} = \binom{-6}{7}$

$\overrightarrow{AC} \cdot \overrightarrow{BC} = -42 + 42 = 0$

$\rightarrow \overrightarrow{AC} \perp \overrightarrow{BC}$

mit rechtem Winkel in C

Um den Hypotenusenabschnitt q = AF zu erhalten, projiziert man den Vektor $\overrightarrow{AC}$ auf den Vektor $\overrightarrow{AB}$.

$q = \left|\frac{\overrightarrow{AC} \cdot \overrightarrow{AB}}{|\overrightarrow{AB}|}\right|$ $\qquad \overrightarrow{AC} \cdot \overrightarrow{AB} = 7 \cdot 13 + 6 \cdot (-1) = 85$

$|\overrightarrow{AB}| = \sqrt{13^2 + (-1)^2} = \sqrt{170}$

$q = \frac{85}{\sqrt{170}} = 6{,}5$ $\qquad q = 6{,}5\ \text{cm}$

$p = c - q$ $\qquad c = |\overrightarrow{AB}|$

$p = \sqrt{170} - 6{,}5 = 6{,}5\,\text{cm}$

Abtragen einer Strecke

Beispiel: Trage die Strecke der Länge l = 10 vom Punkt P(–2|3) aus in Richtung des Vektors $\vec{a} = \begin{pmatrix} 4 \\ 3 \end{pmatrix}$ ab. Bestimme die Koordinaten der entstandenen Punkte A_1 und A_2!

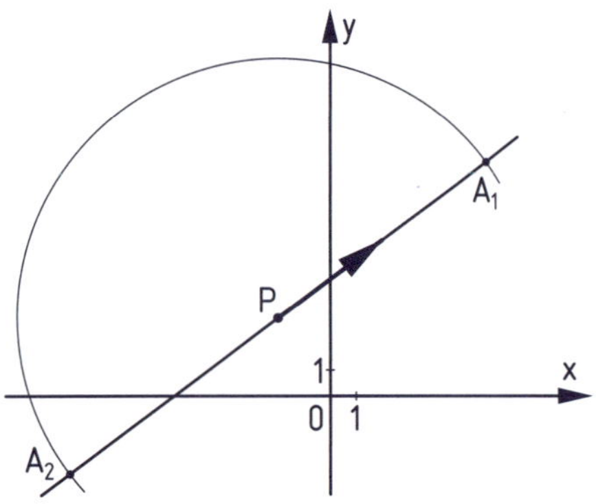

Mithilfe des Zirkels schlägt man von Punkt P aus die Länge 10 nach beiden Seiten hin ab. Es entstehen die Punkte A_1 und A_2.

Die Punkte A_1 und A_2 erhält man rechnerisch, indem man zu Punkt P die Vektoren $\overrightarrow{PA_1}$ bzw. $\overrightarrow{PA_2}$ addiert. Von diesen beiden Vektoren kennt man die Richtung (Richtung des Vektors $\vec{a}$) und die Länge 10. Aufgabe ist es, den Vektor $\vec{a}$ auf die Länge 10 zu bringen. Das geschieht mithilfe des entsprechenden Einheitsvektors (Länge 1) und der Multiplikation mit l = 10.

$\vec{a} = \begin{pmatrix} 4 \\ 3 \end{pmatrix}$ $\qquad |\vec{a}| = \sqrt{4^2 + 3^2} = \sqrt{25} = 5$ $\qquad \overrightarrow{a_0} = \frac{1}{5} \cdot \begin{pmatrix} 4 \\ 3 \end{pmatrix}$

$\overrightarrow{PA_1} = 10 \cdot \overrightarrow{a_0}$

$\overrightarrow{PA_1} = 10 \cdot \frac{1}{5} \cdot \begin{pmatrix} 4 \\ 3 \end{pmatrix} = 2 \cdot \begin{pmatrix} 4 \\ 3 \end{pmatrix} = \begin{pmatrix} 8 \\ 6 \end{pmatrix}$

Der Vektor $\overrightarrow{PA_2}$ hat lediglich die entgegengesetzte Orientierung.

$\overrightarrow{PA_2} = -\overrightarrow{PA_1}$ $\qquad \overrightarrow{PA_2} = \begin{pmatrix} -8 \\ -6 \end{pmatrix}$

$A_1 = P + \overrightarrow{PA_1}$ $\qquad A_2 = P + \overrightarrow{PA_2}$

$A_1 = \begin{pmatrix} -2 \\ 3 \end{pmatrix} + \begin{pmatrix} 8 \\ 6 \end{pmatrix} = \begin{pmatrix} 6 \\ 9 \end{pmatrix} \rightarrow A_1(6|9)$ $\qquad A_2 = \begin{pmatrix} -2 \\ 3 \end{pmatrix} + \begin{pmatrix} -8 \\ -6 \end{pmatrix} = \begin{pmatrix} -10 \\ -3 \end{pmatrix} \rightarrow A_2(-10|-3)$

Mittelpunkt einer Strecke

Beispiel: Bestimme den Mittelpunkt der Strecke AB [$A(x_a|y_a)$, $B(x_b|y_b)$] zunächst allgemein und dann für A(1|4), B(5|–2).

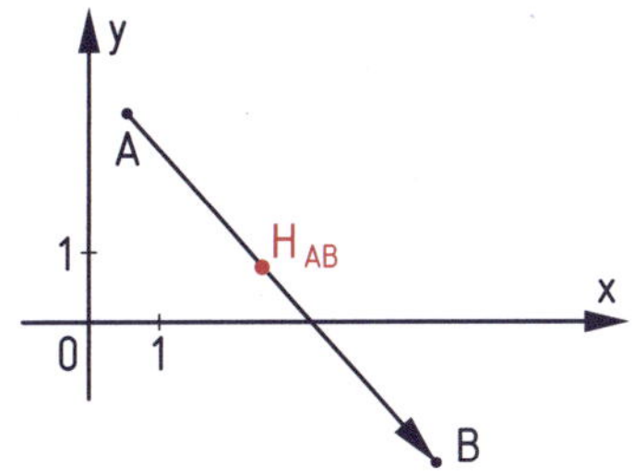

Den Mittelpunkt (Halbierungspunkt) H_{AB} erhält man, indem man zu A die Hälfte des Vektors $\overrightarrow{AB}$ addiert.

$$H_{AB} = A + \frac{1}{2} \cdot \overrightarrow{AB}$$

In Koordinatenform: $\overrightarrow{AB} = \begin{pmatrix} x_b - x_a \\ y_b - y_a \end{pmatrix}$

$H_{AB} = \begin{pmatrix} x_a \\ y_b \end{pmatrix} + \frac{1}{2} \cdot \overrightarrow{AB}$ Einsetzen

$H_{AB} = \begin{pmatrix} x_a \\ y_b \end{pmatrix} + \frac{1}{2} \cdot \begin{pmatrix} x_b - x_a \\ y_b - y_a \end{pmatrix} =$ Multiplikation mit dem Skalar $\frac{1}{2}$

$H_{AB} = \begin{pmatrix} x_a \\ y_b \end{pmatrix} + \begin{pmatrix} \frac{1}{2}x_b - \frac{1}{2}x_a \\ \frac{1}{2}y_b - \frac{1}{2}y_a \end{pmatrix}$ Bilden des Summenvektors

$$H_{AB} = \begin{pmatrix} x_a + \frac{1}{2}x_b - \frac{1}{2}x_a \\ y_a + \frac{1}{2}y_b - \frac{1}{2}y_a \end{pmatrix}$$

$$H_{AB} = \begin{pmatrix} \frac{1}{2}x_a + \frac{1}{2}x_b \\ \frac{1}{2}y_b + \frac{1}{2}y_b \end{pmatrix} = \frac{1}{2} \cdot \begin{pmatrix} x_a + x_b \\ y_b + y_b \end{pmatrix}$$

Der Halbierungspunkt H_{AB} hat daher die Koordinaten $H_{AB}\left(\frac{x_a + x_b}{2} \middle| \frac{y_a + y_b}{2}\right)$.

Für A(1|4), B(5|–2): $H_{AB}\left(\frac{1+5}{2} \middle| \frac{4+(-2)}{2}\right) \rightarrow H_{AB}(3|1)$

Beispiel: Von einem Rechteck ABCD kennt man die Seite AB [A(–4|2), B(2|–6)]. Weiters ist die Breite b = 5 gegeben. Ermittle die Koordinaten der fehlenden Eckpunkte und des Mittelpunkts!

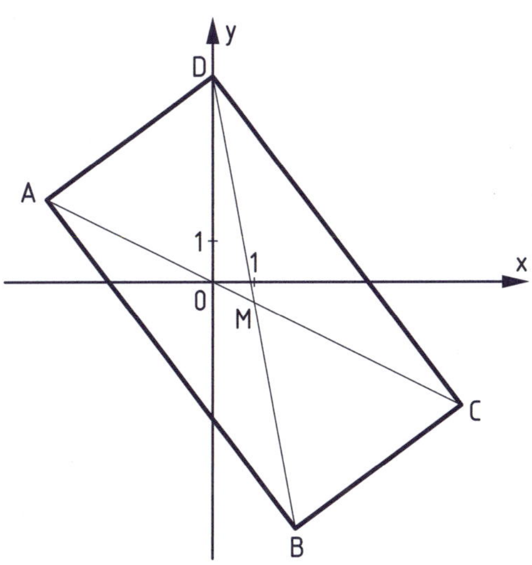

Um die Punkte C und D zu erhalten, muss man zu A bzw. B die Vektoren $\overrightarrow{AD}$ bzw. $\overrightarrow{BC}$ addieren. Diese sind Normalvektoren auf $\overrightarrow{AB}$ mit der gegebenen Länge b = 5.

$\overrightarrow{AB} = \begin{pmatrix} 6 \\ -8 \end{pmatrix}$ $\quad \vec{n} = \begin{pmatrix} 8 \\ 6 \end{pmatrix}$

Normieren des Normalvektors:

$|\vec{n}| = \sqrt{8^2 + 6^2} = \sqrt{100} = 10$

$\overrightarrow{n_0} = \frac{1}{10}\begin{pmatrix} 8 \\ 6 \end{pmatrix}$

Für den entsprechenden Vektor mit der Länge 5 gilt:

$5 \cdot \frac{1}{10} \begin{pmatrix} 8 \\ 6 \end{pmatrix} = \frac{1}{2} \cdot \begin{pmatrix} 8 \\ 6 \end{pmatrix} = \begin{pmatrix} 4 \\ 3 \end{pmatrix}$

Dieser Vektor stellt den Breitevektor dar.

$C = B + \overrightarrow{BC}$

$C = \begin{pmatrix} 2 \\ -6 \end{pmatrix} + \begin{pmatrix} 4 \\ 3 \end{pmatrix} = \begin{pmatrix} 6 \\ -3 \end{pmatrix}$ → C(6|–3)

$D = A + \overrightarrow{AD}$

$D = \begin{pmatrix} -4 \\ 2 \end{pmatrix} + \begin{pmatrix} 4 \\ 3 \end{pmatrix} = \begin{pmatrix} 0 \\ 5 \end{pmatrix}$ → D(0|5)

M … Mittelpunkt der Diagonalen, z. B. der Diagonale AC → $M\left(\frac{-4+6}{2} \middle| \frac{2-3}{2}\right) = \left(1 \middle| -\frac{2}{5}\right)$

Teilungspunkt einer Strecke

Beispiel: Gegeben ist die Strecke AD [A(–1|–1), B(9|4)]. Bestimme den Punkt T so, dass er die Strecke im Verhältnis 2 : 3 teilt!

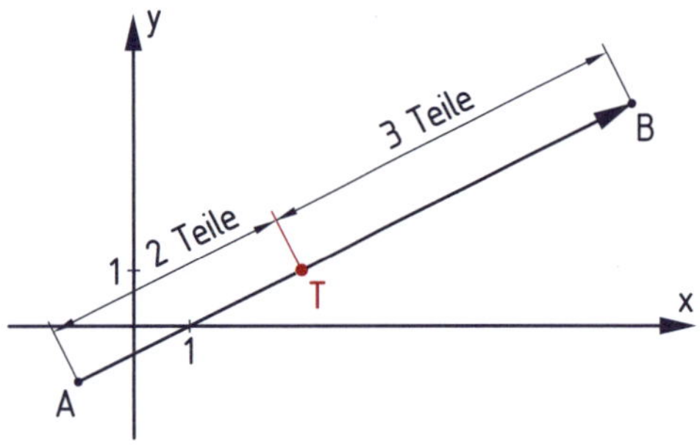

Für die Konstruktion des Teilungspunktes muss man so vorgehen:

Teile die Strecke AB in 5 gleiche Teile, T fällt dann auf den zweiten Teilungspunkt.

Um die Koordinaten von T zu erhalten, muss man zum Punkt A $\frac{2}{5}$ des Vektors $\overrightarrow{AB}$ addieren.

$\overrightarrow{AB} = \begin{pmatrix} 10 \\ 5 \end{pmatrix}$ $\frac{2}{5} \cdot \overrightarrow{AB} = \frac{2}{5} \cdot \begin{pmatrix} 10 \\ 5 \end{pmatrix} = \begin{pmatrix} 4 \\ 2 \end{pmatrix}$

$T = A + \frac{2}{5} \cdot \overrightarrow{AB}$

$T = \begin{pmatrix} -1 \\ -1 \end{pmatrix} + \begin{pmatrix} 4 \\ 2 \end{pmatrix} = \begin{pmatrix} 3 \\ 1 \end{pmatrix}$ → T(3|1)

Vektorrechnung

1 Bilde jeweils den Summen- und Differenzvektor der beiden gegebenen Vektoren!

a) $\vec{a} = \begin{pmatrix} -3 \\ 2 \end{pmatrix}, \vec{b} = \begin{pmatrix} 2 \\ 3 \end{pmatrix}$

b) $\vec{a} = \begin{pmatrix} 1 \\ -4 \end{pmatrix}, \vec{b} = \begin{pmatrix} -2 \\ 6 \end{pmatrix}$

c) $\vec{a} = \begin{pmatrix} 1 \\ 4 \end{pmatrix}, \vec{b} = \begin{pmatrix} 7 \\ -8 \end{pmatrix}$

d) $\vec{a} = \begin{pmatrix} -3 \\ 4 \end{pmatrix}, \vec{b} = \begin{pmatrix} -1 \\ 0 \end{pmatrix}$

---

2 Gegeben ist das Dreieck ABC. Übe auf das Dreieck eine Schiebung um den Vektor $\vec{a}$ aus!

a) △ ABC[A(3|1), B(−2|4), C(−2|−4)] $\vec{a} = \begin{pmatrix} -2 \\ 1 \end{pmatrix}$

b) △ ABC[A(−2|3), B(4|−3), C(1|4)] $\vec{a} = \begin{pmatrix} 3 \\ -4 \end{pmatrix}$

c) △ ABC[A(0|−4), B(6|−2), C(1|5)] $\vec{a} = \begin{pmatrix} -5 \\ 2 \end{pmatrix}$

---

3 Gegeben ist das Viereck ABCD [A(−7|2), B(−5|−1), C(−2|0), D(−5|3)]. Verschiebe das Viereck um den Vektor $\vec{a} = \begin{pmatrix} 2 \\ -3 \end{pmatrix}$!

---

4 Berechne die Länge der Vektoren!

a) $\vec{a} = \begin{pmatrix} 7 \\ -5 \end{pmatrix}$

b) $\vec{b} = \begin{pmatrix} 8 \\ -4 \end{pmatrix}$

c) $\vec{c} = \begin{pmatrix} -8 \\ 6 \end{pmatrix}$

---

5 Von einem Vektor kennt man die Länge. Berechne die fehlende Koordinate!

a) $\vec{a} = \begin{pmatrix} -4 \\ y_a \end{pmatrix}$ Länge = 5

b) $\vec{b} = \begin{pmatrix} x_b \\ -5 \end{pmatrix}$ Länge = 10

---

6 Überprüfe, ob die Vektoren zueinander parallel sind!

a) $\vec{a} = \begin{pmatrix} 2 \\ 3 \end{pmatrix}, \vec{b} = \begin{pmatrix} -4 \\ -6 \end{pmatrix}$

b) $\vec{a} = \begin{pmatrix} 1 \\ -3 \end{pmatrix}, \vec{b} = \begin{pmatrix} -2 \\ 6 \end{pmatrix}$

c) $\vec{a} = \begin{pmatrix} -6 \\ 8 \end{pmatrix}, \vec{b} = \begin{pmatrix} 3 \\ -4 \end{pmatrix}$

d) $\vec{a} = \begin{pmatrix} 18 \\ -24 \end{pmatrix}, \vec{b} = \begin{pmatrix} 3 \\ 4 \end{pmatrix}$

---

7 Gib zu dem gegebenen Vektor einen Normalvektor an!

a) $\vec{a} = \begin{pmatrix} 2 \\ -3 \end{pmatrix}$

b) $\vec{b} = \begin{pmatrix} -4 \\ 6 \end{pmatrix}$

c) $\overrightarrow{AB}$ mit A(4|−3), B(1|−6)

d) $\overrightarrow{AB}$ mit A(−1|6), B(3|−2)

8 Überprüfe rechnerisch welche Art von Viereck vorliegt!

a) ABCD[A(4|1), B(2|2), C(−2|−2), D(2|−4)]

b) ABCD[A(−2|−4), B(0|−5), C(3|−1), D(2|1)]

9 Von einem Rechteck ABCD ist eine Seite durch zwei Punkte gegeben. Die Länge der anderen Seite ist ebenfalls bekannt. Berechne die Koordinaten der fehlenden Eckpunkte!

a) A(−4|2), B(2|−6), b = 5

b) B(−1|4), C(2|0), a = 10

10 Von einem Quadrat kennt man zwei Eckpunkte. Ermittle zeichnerisch und rechnerisch die Koordinaten der fehlenden Eckpunkte!

a) A(0|0), B(5|1)

b) A(−3|2), B(2|4)

c) A(−6|−6), C(2|4)

d) B(−7|1), D(1|−1)

11 Teile die Strecke AB im gegebenen Verhältnis und gib die Koordinaten des Teilungspunktes an!

a) A(−6|6), B(6|12) 2 : 1

b) A(0|−3), B(5|6) 1 : 3

12 Von einem Parallelogramm ABCD kennt man drei Punkte. Berechne die Koordinaten des vierten Punktes sowie den Umfang!

a) A(−4|2), B(0|−2), C(1|1)

b) A(−2|−2), B(4|1), D(−4|1)

c) A(−4|6), B(−2|−1), C(1|−3)

13 Zeige, dass das Dreieck ABC ein rechtwinkliges ist und berechne die Länge der Hypotenusenabschnitte p und q!

a) △ ABC[A(−5|3), B(−1|−5), C(5|−2)]

b) △ ABC[A(−4|4), B(0|−4), C(6|−1)]

14 Von einem Quadrat ABCD kennt man zwei Eckpunkte. Berechne die Koordinaten der anderen Eckpunkte. Achte auf den positiven Umlaufsinn!

a) A(−3|3), B(0|−5)

b) A(1|2), B(4|6)

c) B(−3|4), D(1|6)

d) A(−3|1), C(1|7)

15 Trage vom gegebenen Punkt P die Länge l in Richtung des Vektors $\vec{a}$ ab!

a) P(2|4), l = 5, $\vec{a} = \begin{pmatrix} -3 \\ 4 \end{pmatrix}$

b) P(−3|−2), l = 26, $\vec{a} = \begin{pmatrix} 12 \\ 5 \end{pmatrix}$

Gleichung der Geraden in der Ebene

Beispiel: Gegeben ist eine Gerade durch den Punkt $X_1(1|2)$ und den Vektor $\vec{a} = \begin{pmatrix} 3 \\ 1 \end{pmatrix}$.

Zeichne die Gerade!

$\vec{a}$ … Richtungsvektor

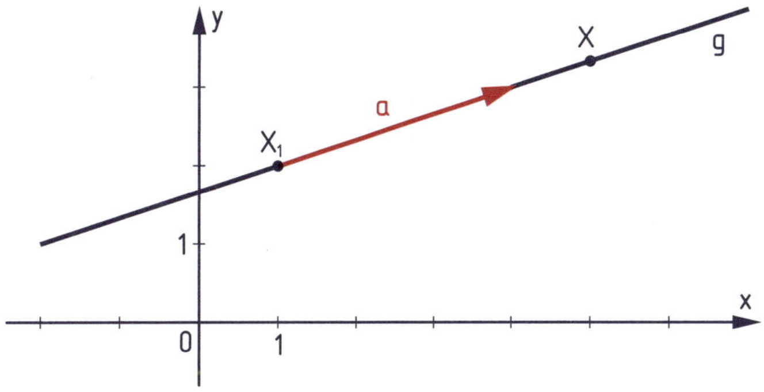

Um alle Punkte X einer Geraden zu beschreiben, muss man zum gegebenen Punkt X_1 ein beliebiges Vielfaches des Vektors $\vec{a}$ addieren. Man schreibt: $X = X_1 + t \cdot \vec{a}$
t ist eine Hilfsvariable und wird aus $\mathbb{R}$ genommen, um alle Punkte der Geraden darzustellen.
Jedem t entspricht ein eindeutiger Punkt auf der Geraden.
Für die gegebene Gerade g gilt:

$X = \begin{pmatrix} 1 \\ 2 \end{pmatrix} + t \cdot \begin{pmatrix} 3 \\ 1 \end{pmatrix}$ mit $t \in \mathbb{R}$

Man kann die Geradengleichung auch mithilfe der Ortsvektoren (das sind die Vektoren, die vom Ursprung ausgehen) angeben.
Es gilt: $\vec{x} = \vec{x_1} + t \cdot \vec{a}$ mit $t \in \mathbb{R}$

Für g gilt: $\vec{x} = \begin{pmatrix} 1 \\ 2 \end{pmatrix} + t \cdot \begin{pmatrix} 3 \\ 1 \end{pmatrix}$ mit $t \in \mathbb{R}$

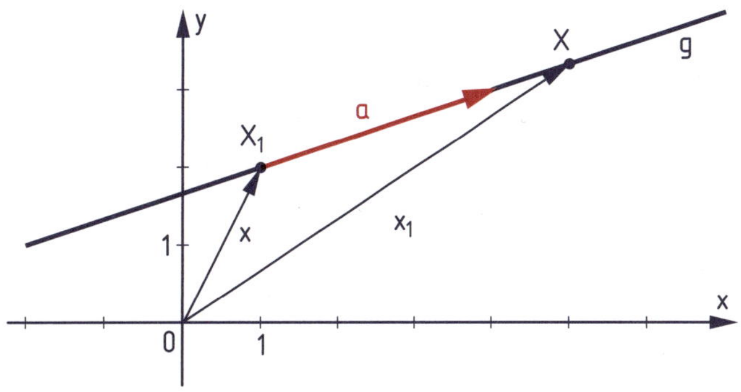

Punkt – Richtungsform der Geradengleichung

$X = X_1 + t \cdot \vec{a}$ mit $t \in \mathbb{R}$

X_1 … beliebiger fester Punkt der Geraden g
X … variabler Punkt der Geraden g
Er steht für alle Punkte der Geraden.
$\vec{a}$ … Richtungsvektor
Er gibt die Richtung der Geraden an.

Punkt – Richtungsform der Geradengleichung mit Ortsvektoren

$\vec{x} = \vec{x_1} + t \cdot \vec{a}$ mit $t \in \mathbb{R}$

$\vec{x_1}$ … Ortsvektor zu einem beliebigen festen Punkt von g
$\vec{x}$ … Ortsvektor zum variablen Punkt der Geraden g
$\vec{a}$ … Richtungsvektor

Die Zahl **t** heißt **Parameter**. Daher werden diese Darstellungen auch **Parameterdarstellung** der Geraden genannt.

Gib die Gleichung der Geraden, die durch die Punkte A(1|–2) und B(4|3) gegeben ist, in Parameterdarstellung an!

$g: X = X_1 + t \cdot \vec{a}$

Berechnung des Richtungsvektors $\vec{a}$:
Die Richtung der Geraden ist durch den Vektor $\overrightarrow{AB}$ gegeben.

$\vec{a} = \overrightarrow{AB} \quad \vec{a} = \begin{pmatrix} 3 \\ 5 \end{pmatrix}$

X_1 ist ein beliebiger fester Punkt der Geraden.
Man kann zum Beispiel A nehmen (genauso gut kann man Punkt B wählen).

$g: X = \begin{pmatrix} 1 \\ -2 \end{pmatrix} + t \cdot \begin{pmatrix} 3 \\ 5 \end{pmatrix} \quad t \in \mathbb{R}$ Parameterdarstellung der Geraden g

Gegeben ist das Dreieck ABC [A(3|1), B(7|–1), C(5|3)]. Gib die Gleichung der Streckensymmetralen s_{AB} von AB an!

s_{AB} verläuft durch den Halbierungspunkt von AB und ist auf die Strecke AB normal.

Berechnung des Halbierungspunktes: $H_{AB}(5|0)$

Berechnung des Richtungsvektors von s_{AB}: $\overrightarrow{AB} = \begin{pmatrix} 4 \\ -2 \end{pmatrix}$

$\overrightarrow{AB} = \begin{pmatrix} 4 \\ -2 \end{pmatrix} = 2 \cdot \begin{pmatrix} 2 \\ -1 \end{pmatrix}$ Da es nur auf die Richtung ankommt, kann man auch mit dem vereinfachten Vektor weiterrechnen.

Ein Normalvektor zu $\overrightarrow{AB}$ ist $\begin{pmatrix} 1 \\ 2 \end{pmatrix}$. Er ist Richtungsvektor der Streckensymmetralen s_{AB}.

$s_{AB}: X = \begin{pmatrix} 5 \\ 0 \end{pmatrix} + t \cdot \begin{pmatrix} 1 \\ 2 \end{pmatrix} \quad t \in \mathbb{R}$ Parameterdarstellung der Streckensymmetralen

Gib die Gerade, von der man die Parameterdarstellung $X = \begin{pmatrix} 3 \\ -1 \end{pmatrix} + t \cdot \begin{pmatrix} 5 \\ 2 \end{pmatrix}$ mit $t \in \mathbb{R}$ kennt, in parameterfreier Form an!

$X = \begin{pmatrix} 3 \\ -1 \end{pmatrix} + t \cdot \begin{pmatrix} 5 \\ 2 \end{pmatrix}$

bzw. $\vec{x} = \begin{pmatrix} 3 \\ -1 \end{pmatrix} + t \cdot \begin{pmatrix} 5 \\ 2 \end{pmatrix}$ Der Ortsvektor x steht für jeden Variablenvektor mit den Koordinaten $\begin{pmatrix} x \\ y \end{pmatrix}$.

$\begin{pmatrix} x \\ y \end{pmatrix} = \begin{pmatrix} 3 \\ -1 \end{pmatrix} + t \cdot \begin{pmatrix} 5 \\ 2 \end{pmatrix}$

$x = 3 + 5t$
$y = -1 + 2t$ — Ausdrücken der x- bzw. y-Koordinate

$x = 3 + 5t \quad | \cdot 2$
$y = -1 + 2t \quad | \cdot (-5)$ — Elimination des Parameters t (siehe Eliminationsverfahren bei Gleichungssystemen)

$$\left.\begin{aligned} 2x &= 6 + 10t \\ -5y &= 5 - 10t \end{aligned}\right\} +$$

$2x - 5y = 11$ — parameterfreie Form der Geradengleichung (Koordinatenform)

Vergleiche die Parameterform und die parameterfreie Form:

$$\vec{x} = \begin{pmatrix} 3 \\ -1 \end{pmatrix} + t \cdot \begin{pmatrix} 5 \\ 2 \end{pmatrix} \Leftrightarrow 2x - 5y = 11$$

Die Koeffizienten von x und y in der parameterfreien Form sind die Koordinaten eines Normalvektors zur Geraden. Man bezeichnet diese Form daher auch als die **Normalvektorform der Geradengleichung.** Allgemein schreibt man: $ax + by = c$

Darstellungsformen einer Geradengleichung

Parameterform: $\vec{x} = \overrightarrow{x_1} + t \cdot \vec{a}$ mit $t \in \mathbb{R}$ $\quad \vec{a}$ ... Richtungsvektor

Normalvektorform
(implizite Darstellung): $ax + by = c$ mit $\begin{pmatrix} a \\ b \end{pmatrix}$ Koordinaten eines Normalvektors zu $\vec{a}$

explizite Darstellung: $y = kx + d$ $\quad$ k ... Anstieg der Geraden

Umwandeln der Parameterdarstellung in eine Normalvektorform:

$$\vec{x} = \begin{pmatrix} 3 \\ -1 \end{pmatrix} + t \cdot \begin{pmatrix} 5 \\ 2 \end{pmatrix} \quad | \cdot \begin{pmatrix} 2 \\ -5 \end{pmatrix}$$ Multiplikation mit einem Normalvektor

$$\begin{pmatrix} 2 \\ -5 \end{pmatrix} \cdot \vec{x} = \begin{pmatrix} 2 \\ -5 \end{pmatrix} \cdot \begin{pmatrix} 3 \\ -1 \end{pmatrix} + t \cdot \begin{pmatrix} 5 \\ 2 \end{pmatrix} \cdot \begin{pmatrix} 2 \\ -5 \end{pmatrix}$$ $\begin{pmatrix} 5 \\ 2 \end{pmatrix} \cdot \begin{pmatrix} 2 \\ -5 \end{pmatrix} = 0$ Orthogonalitätsbedingung

$$\begin{pmatrix} 2 \\ -5 \end{pmatrix} \cdot \begin{pmatrix} x \\ y \end{pmatrix} = \begin{pmatrix} 2 \\ -5 \end{pmatrix} \cdot \begin{pmatrix} 3 \\ -1 \end{pmatrix}$$

$2x - 5y = 2 \cdot 3 + (-5) \cdot (-1)$ $\quad$ $2x - 5y = 11$ ... Normalvektorform

Zusammenhang zwischen dem Richtungsvektor $\vec{a}$ und der Steigung k:

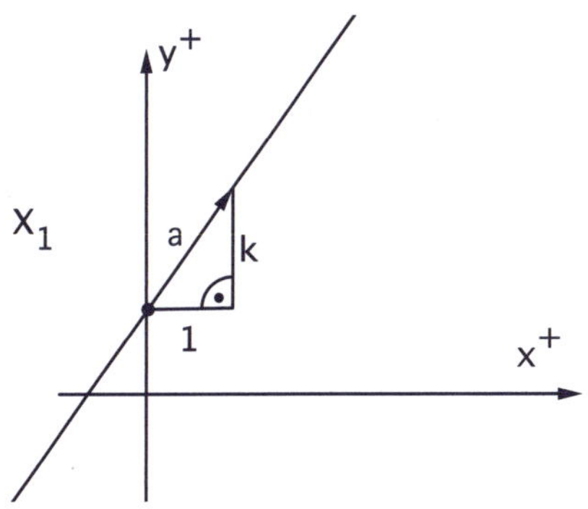

$y = kx + d$

$X = X_1 + t \cdot \vec{a}$

$X_1(0/d)$, $\vec{a} = \begin{pmatrix} 1 \\ k \end{pmatrix}$

Besondere Geraden

Gerade parallel zur x-Achse

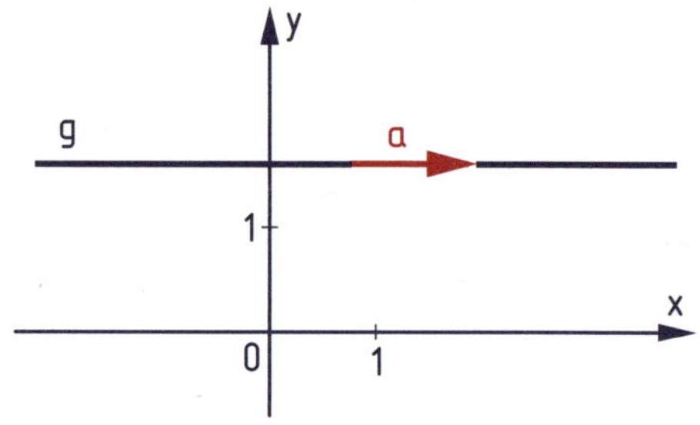

Alle Geraden parallel zur x-Achse haben denselben (einfachsten) Richtungsvektor $\vec{a} = \begin{pmatrix}1\\0\end{pmatrix}$.

Geradengleichung: $\vec{x} = \overrightarrow{x_1} + t \cdot \begin{pmatrix}1\\0\end{pmatrix}$ mit $t \in \mathbb{R}$

Insbesondere gilt für die x-Achse, die ja durch den Ursprung geht:

$\vec{x} = \begin{pmatrix}0\\0\end{pmatrix} + t \cdot \begin{pmatrix}1\\0\end{pmatrix}$ bzw. $\vec{x} = t \cdot \begin{pmatrix}1\\0\end{pmatrix}$ mit $t \in \mathbb{R}$

$$\begin{pmatrix}x\\y\end{pmatrix} = t \cdot \begin{pmatrix}1\\0\end{pmatrix} \quad | \cdot \begin{pmatrix}0\\1\end{pmatrix}$$ Multiplikation mit dem Normalvektor

$$\begin{pmatrix}0\\1\end{pmatrix} \cdot \begin{pmatrix}x\\y\end{pmatrix} = t \cdot \begin{pmatrix}1\\0\end{pmatrix} \cdot \begin{pmatrix}0\\1\end{pmatrix}$$

$$0 \cdot x + 1 \cdot y = 0$$

$y = 0$ … Gleichung der x-Achse

Anmerkung: Alle Punkte der x-Achse haben 0 als y-Koordinate.

Gerade parallel zur y-Achse

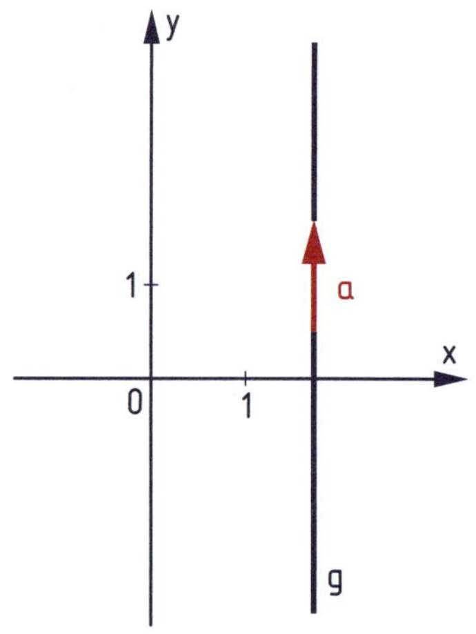

Alle Geraden parallel zur y-Achse haben denselben (einfachsten) Richtungsvektor $a = \begin{pmatrix}0\\1\end{pmatrix}$.

Geradengleichung: $\vec{x} = \overrightarrow{x_1} + t \cdot \begin{pmatrix}0\\1\end{pmatrix}$ mit $t \in \mathbb{R}$

Insbesondere gilt für die y-Achse, die ja durch den Ursprung geht:

$\vec{x} = \begin{pmatrix}0\\0\end{pmatrix} + t \cdot \begin{pmatrix}0\\1\end{pmatrix}$ bzw. $\vec{x} = t \cdot \begin{pmatrix}0\\1\end{pmatrix}$ mit $t \in \mathbb{R}$

$$\begin{pmatrix}x\\y\end{pmatrix} = t \cdot \begin{pmatrix}0\\1\end{pmatrix} \quad | \cdot \begin{pmatrix}1\\0\end{pmatrix}$$ Multiplikation mit dem Normalvektor

$$\begin{pmatrix}1\\0\end{pmatrix} \cdot \begin{pmatrix}x\\y\end{pmatrix} = t \cdot \begin{pmatrix}0\\1\end{pmatrix} \cdot \begin{pmatrix}1\\0\end{pmatrix}$$

$$1 \cdot x + 0 \cdot y = 0$$

$x = 0$ … Gleichung der y-Achse

Anmerkung: Alle Punkte der y-Achse haben 0 als x-Koordinate.

Lagebeziehung eines Punktes zu einer Geraden

Überprüfe, ob der Punkt P(–1|4) auf den gegebenen Geraden liegt:

a) g_1: $X = \begin{pmatrix} 2 \\ -2 \end{pmatrix} + t \cdot \begin{pmatrix} 1 \\ -2 \end{pmatrix}$ **b)** g_2: $2x + 5y = 18$ **c)** g_3: $X = \begin{pmatrix} -7 \\ 2 \end{pmatrix} + t \cdot \begin{pmatrix} 3 \\ -4 \end{pmatrix}$

Wenn ein Punkt auf der Geraden liegt, müssen seine Koordinaten die Gleichung erfüllen, d. h. zu einer wahren Aussage machen.

a) Es ist zu überprüfen, ob man dem Parameter t einen Wert zuweisen kann, der zu den Koordinaten des Punktes P führt.

g_1: $\begin{pmatrix} -1 \\ 4 \end{pmatrix} = \begin{pmatrix} 2 \\ -2 \end{pmatrix} + t \cdot \begin{pmatrix} 1 \\ -2 \end{pmatrix}$ Einsetzen des Punktes

$-1 = 2 + 1 \cdot t \quad \rightarrow t = -3$

$4 = -2 - 2t \quad \rightarrow t = -3$

Da sowohl bei der x-Koordinate wie auch bei der y-Koordinate derselbe Parameterwert steht, gibt es einen eindeutigen Parameterwert, der zum Punkt P führt. Der Punkt P liegt auf der Geraden g_1.

b) g_2: $2 \cdot (-1) + 5 \cdot 4 = 18$ Einsetzen des Punktes

$-2 + 20 = 18$ w. A. Der Punkt P liegt auf der Geraden g_2.

c) g_3: $\begin{pmatrix} -1 \\ 4 \end{pmatrix} = \begin{pmatrix} -7 \\ 2 \end{pmatrix} + t \cdot \begin{pmatrix} 3 \\ -4 \end{pmatrix}$ Einsetzen des Punktes

$-1 = -7 + 3 \cdot t \quad \rightarrow t = 2$

$4 = 2 - 4t \quad \rightarrow t = -\frac{1}{2}$

Man erhält verschiedene Parameterwerte, P liegt nicht auf der Geraden g_3.

Abstand eines Punktes von einer Geraden

Der (Normal-)Abstand des Punktes P von der Geraden g lässt sich mithilfe der Projektion des Vektors $\overrightarrow{X_1P}$ auf einen Normalvektor der Geraden bestimmen.

$$d = \left|\frac{\overrightarrow{X_1P} \cdot \vec{n}}{|\vec{n}|}\right| = \left|\overrightarrow{X_1P}\right| \cdot \frac{\vec{n}}{|\vec{n}|} = \left|\overrightarrow{X_1P} \cdot \overrightarrow{n_0}\right|$$

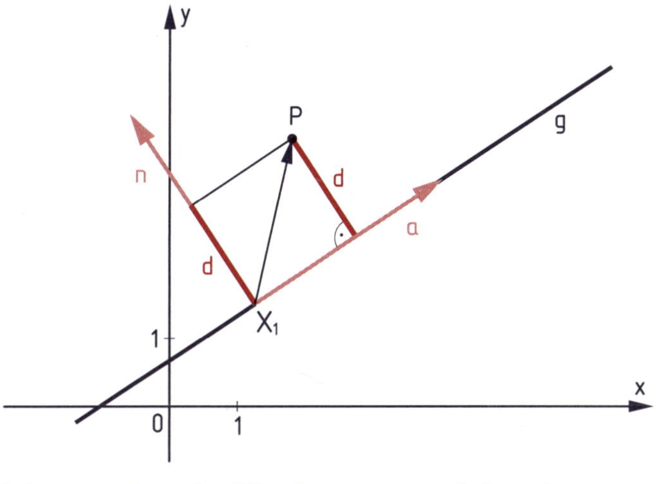

Da der Abstand eine Länge ist, kann dieser nicht negativ sein. Für d muss man daher den Betrag nehmen. Diese Abstandsformel wurde vom deutschen Mathematiker Otto Ludwig Hesse entwickelt und wird daher als die **Hessesche** (Abstands-)**Formel** bezeichnet.

Abstand eines Punktes P von einer Geraden g: $d(P, g) = |\overrightarrow{X_1P} \cdot \overrightarrow{n_0}|$ mit $X_1 \in g$ und $n \perp g$

Berechne den Abstand des Punktes P(2|5) von der Geraden g: $X = \begin{pmatrix} -1 \\ 4 \end{pmatrix} + t \cdot \begin{pmatrix} 3 \\ -4 \end{pmatrix}$!

$d(P, g) = |\overrightarrow{X_1P} \cdot \overrightarrow{n_0}|$ $\quad X_1(-1|4)$, $P(2|5)$ $\quad \overrightarrow{X_1P} = \begin{pmatrix} 3 \\ 1 \end{pmatrix}$

$\vec{a} = \begin{pmatrix} 3 \\ -4 \end{pmatrix} \rightarrow \vec{n} = \begin{pmatrix} 4 \\ 3 \end{pmatrix}$ $\quad |\vec{n}| = \sqrt{4^2 + 3^2} = \sqrt{25} = 5$

$\overrightarrow{n_0} = \frac{1}{5} \cdot \begin{pmatrix} 4 \\ 3 \end{pmatrix}$

$d(P, g) = \left|\begin{pmatrix} 3 \\ 1 \end{pmatrix} \cdot \frac{1}{5} \cdot \begin{pmatrix} 4 \\ 3 \end{pmatrix}\right| = \left|\frac{1}{5} \cdot (3 \cdot 4 + 1 \cdot 3)\right| = \left|\frac{1}{5} \cdot 15\right| = 3$

Lagebeziehung von Geraden

Zwei Geraden g und h mit den Parameterdarstellungen $X = A + t \cdot \vec{a}$ und $X = B + u \cdot \vec{b}$ können in der Ebene folgende Lagebeziehungen haben:

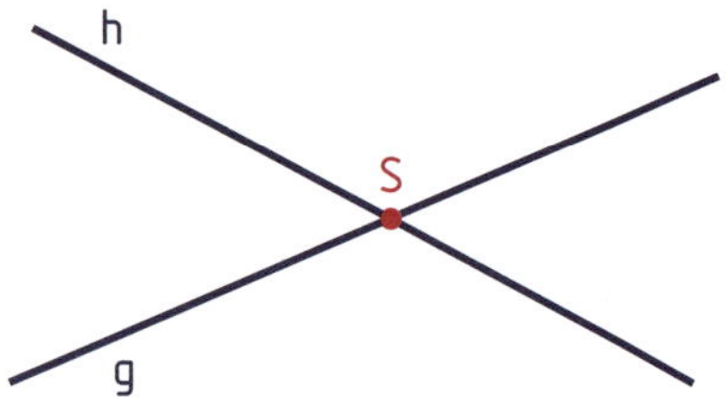

schneidend
$g \cap h = \{S\}$

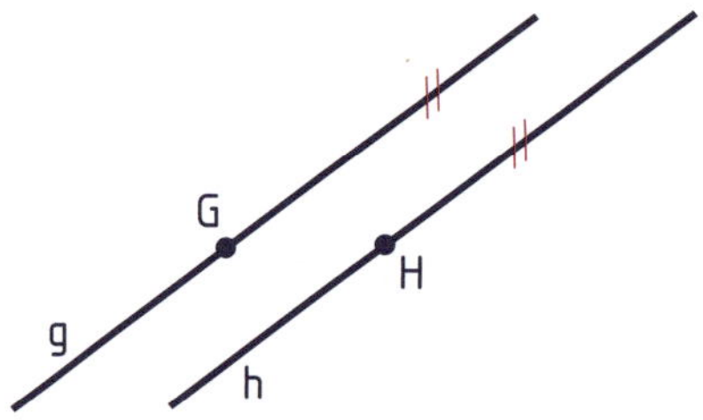

$g \parallel h$
$g \cap h = \{\,\}$
$G \in g$ aber $G \notin h$
$H \in h$ aber $H \notin g$

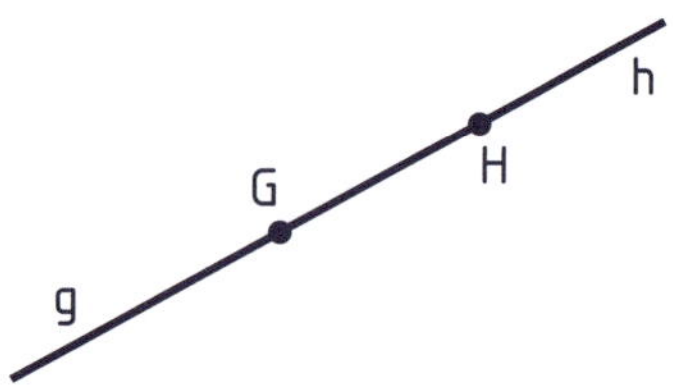

identisch
$g \cap h = g = h$
$G \in g \rightarrow G \in h$
$H \in h \rightarrow H \in g$

Beispiel: Ermittle zeichnerisch und rechnerisch die Lagebeziehung der Geraden g und h!

g: $X = \begin{pmatrix} 4 \\ -1 \end{pmatrix} + t \cdot \begin{pmatrix} 1 \\ -1 \end{pmatrix}$, h: $X = \begin{pmatrix} 3 \\ 4 \end{pmatrix} + u \cdot \begin{pmatrix} -1 \\ 3 \end{pmatrix}$

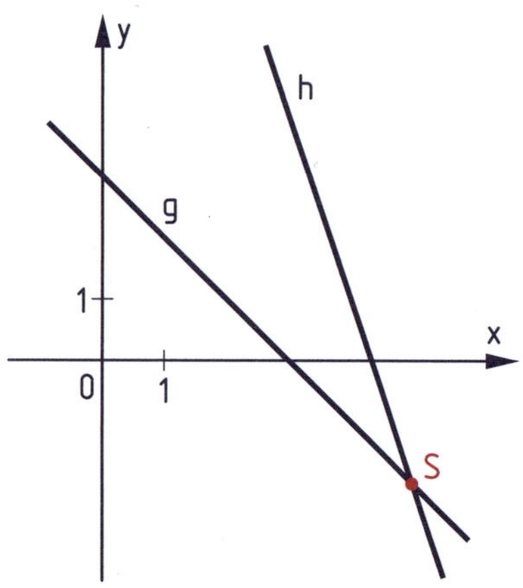

Da die beiden Richtungsvektoren nicht proportinal sind, sind sie auch nicht parallel. Die beiden Geraden müssen daher einen Schnittpunkt haben.

Die Koordination des Schnittpunktes müssen sowohl die Gleichung der Geraden g, wie auch der Geraden h erfüllen. S liegt genau dann auf g und h, wenn es ein $t \in \mathbb{R}$ und ein $u \in \mathbb{R}$ gibt, so dass gilt:

$$\begin{pmatrix} 4 \\ -1 \end{pmatrix} + t \cdot \begin{pmatrix} 1 \\ -1 \end{pmatrix} = \begin{pmatrix} 3 \\ 4 \end{pmatrix} + u \cdot \begin{pmatrix} -1 \\ 3 \end{pmatrix}$$

$$\begin{aligned} 4 + t &= 3 - u \quad &| -4 + u \\ -1 - t &= 4 + 3u \quad &| +1 - 3u \end{aligned}$$

$$\left.\begin{aligned} t + u &= -1 \\ -t - 3u &= 5 \end{aligned}\right\} +$$

Man erhält ein Gleichungssystem mit zwei Variablen.

$$-2u = 4$$

$$u = -2 \qquad t = 1$$

Um die Koordinaten des Schnittpunktes zu erhalten, muss man z. B. t in der Geraden g einsetzen.

$$X = \begin{pmatrix} 4 \\ -1 \end{pmatrix} + 1 \cdot \begin{pmatrix} 1 \\ -1 \end{pmatrix} = \begin{pmatrix} 4 \\ -1 \end{pmatrix} + \begin{pmatrix} 1 \\ -1 \end{pmatrix} = \begin{pmatrix} 5 \\ -2 \end{pmatrix} \rightarrow S(5|-2)$$

Zur Kontrolle kann man u in die Gleichung von h einsetzen:

$$X = \begin{pmatrix} 3 \\ 4 \end{pmatrix} + (-2) \cdot \begin{pmatrix} -1 \\ 3 \end{pmatrix} = \begin{pmatrix} 3 \\ 4 \end{pmatrix} + \begin{pmatrix} 2 \\ -6 \end{pmatrix} = \begin{pmatrix} 5 \\ -2 \end{pmatrix} \rightarrow S(5|-2)$$

Ermittle die Lagebeziehung der Geraden g und h!

a) g: $X = \begin{pmatrix} 3 \\ -2 \end{pmatrix} + t \cdot \begin{pmatrix} 1 \\ -2 \end{pmatrix}$, h: $X = \begin{pmatrix} 1 \\ 2 \end{pmatrix} + u \cdot \begin{pmatrix} -2 \\ 4 \end{pmatrix}$

Die beiden Richtungsvektoren sind proportional, d. h. die Geraden sind entweder parallel oder sogar identisch. Um das zu prüfen, setzt man den gegebenen festen Punkt der einen Geraden in die Gleichung der anderen Gerade ein. Erfüllt der Punkt die Gleichung, sind die Geraden identisch. Erfüllt er die Gleichung der Geraden nicht, liegen diese zueinander parallel.

Punkt $X_g(3|-2)$ von g Einsetzen in h: $\begin{pmatrix} 3 \\ -2 \end{pmatrix} = \begin{pmatrix} 1 \\ 2 \end{pmatrix} + u \cdot \begin{pmatrix} -2 \\ 4 \end{pmatrix}$

$$3 = 1 - 2u \rightarrow u = -1$$
$$-2 = 2 + 4u \rightarrow u = -1$$

X_g liegt auf h, die Geraden g und h sind identisch.

b) g: $2x + 3y = 5$, h: $4x + 6y = 3$

Aus den beiden Gleichungen kann man direkt ablesen, dass die beiden Geraden parallel sind.

Die entsprechenden Normalvektoren sind proportional: $\begin{pmatrix} 2 \\ 3 \end{pmatrix}$ proportional $\begin{pmatrix} 4 \\ 6 \end{pmatrix}$

Der Normalvektor von h ist das Doppelte des Normalvektors von g. Das gilt auch für die Richtungsvektoren der beiden Geraden. Für die Konstanten gilt aber $5 \neq 2 \cdot 3$, d. h. die zweite ist nicht das Doppelte der ersten. → Die Geraden sind nicht identisch, sie sind parallel.

Gleichung der Geraden in der Ebene

1 **Gib jenen Punkt an, der durch den Parameterwert t = –1, t = 0, t = 1, t = 2 gegeben ist!**

a) $X = \begin{pmatrix} 5 \\ 2 \end{pmatrix} + t \cdot \begin{pmatrix} -3 \\ 1 \end{pmatrix}$ **b)** $X = \begin{pmatrix} 2 \\ -3 \end{pmatrix} + t \cdot \begin{pmatrix} 4 \\ -5 \end{pmatrix}$

---

2 **Berechne die fehlenden Koordinaten der Punkte so, dass sie jeweils auf der gegebenen Geraden liegen!**

a) $X = \begin{pmatrix} 1 \\ -2 \end{pmatrix} + t \cdot \begin{pmatrix} 2 \\ -3 \end{pmatrix}$ $P(1|y_P)$, $Q(x_Q|-5)$ **b)** $X = \begin{pmatrix} 3 \\ 4 \end{pmatrix} + t \cdot \begin{pmatrix} -1 \\ 2 \end{pmatrix}$ $P(x_P|0)$, $Q(1|y_Q)$

---

3 **Ermittle den Abstand des Punktes P von der Geraden g!**

a) $X = \begin{pmatrix} 1 \\ -2 \end{pmatrix} + t \cdot \begin{pmatrix} 3 \\ -4 \end{pmatrix}$ $P(6|2)$ **b)** $X = \begin{pmatrix} 2 \\ 3 \end{pmatrix} + t \cdot \begin{pmatrix} -1 \\ 2 \end{pmatrix}$ $P(-3|4)$

---

4 **Verwandle die Parameterdarstellung der Geraden in die Normalvektorform!**

a) $X = \begin{pmatrix} 3 \\ 2 \end{pmatrix} + t \cdot \begin{pmatrix} 0 \\ 1 \end{pmatrix}$ **b)** $X = \begin{pmatrix} -2 \\ 0 \end{pmatrix} + t \cdot \begin{pmatrix} 2 \\ 5 \end{pmatrix}$

---

5 **Gib zur gegebenen Geraden g eine Gerade h an, die durch den Punkt P verläuft und zu g (1) parallel und (2) normal ist!**

a) $X = \begin{pmatrix} 3 \\ 4 \end{pmatrix} + t \cdot \begin{pmatrix} 3 \\ -2 \end{pmatrix}$ $P(5|1)$ **b)** $3x - y = 2$ $P(4|-3)$

---

6 **Gib die Lagebeziehung der beiden Geraden g und h an!**

a) $g: X = \begin{pmatrix} 4 \\ 2 \end{pmatrix} + t \cdot \begin{pmatrix} 4 \\ 1 \end{pmatrix}$ $h: X = \begin{pmatrix} 3 \\ -1 \end{pmatrix} + u \cdot \begin{pmatrix} 2 \\ 3 \end{pmatrix}$

b) $g: X = \begin{pmatrix} 3 \\ 1 \end{pmatrix} + t \cdot \begin{pmatrix} -2 \\ 0 \end{pmatrix}$ $h: X = \begin{pmatrix} 5 \\ -2 \end{pmatrix} + u \cdot \begin{pmatrix} 2 \\ -1 \end{pmatrix}$

---

7 **Berechne den Schnittwinkel der beiden einander schneidenden Geraden g und h!**

a) $g: X = \begin{pmatrix} 2 \\ -1 \end{pmatrix} + t \cdot \begin{pmatrix} 2 \\ 3 \end{pmatrix}$ $h: X = \begin{pmatrix} 1 \\ 1 \end{pmatrix} + u \cdot \begin{pmatrix} 1 \\ 1 \end{pmatrix}$

b) $g: X = \begin{pmatrix} 2 \\ -3 \end{pmatrix} + t \cdot \begin{pmatrix} 2 \\ -3 \end{pmatrix}$ $h: X = \begin{pmatrix} 0 \\ 2 \end{pmatrix} + u \cdot \begin{pmatrix} 2 \\ 1 \end{pmatrix}$

Überprüfe dein Wissen!

- Was ist ein Vektor?
- Wie kann ein Vektor angegeben werden?
- Wie werden zwei Vektoren addiert bzw. subtrahiert?
- Gib den Unterschied zwischen Skalar und Vektor an!
- Wie wird ein Vektor mit einem Skalar multipliziert? Was erhält man als Ergebnis?
- Wann sind zwei Vektoren parallel?
- Wodurch unterscheiden sich ein Vektor $\vec{a}$ und sein inverser? Was haben sie gemeinsam?
- Was versteht man unter dem Betrag eines Vektors? Wie wird dieser berechnet?
- Definiere den Einheitsvektor!
- Was versteht man unter Normieren eines Vektors?
- Wann kann ein Vektor vereinfacht werden?
- Zeichne einen Vektor $\vec{a}$ und die beiden Normalvektoren! Wie erhält man die Koordinaten dieser Normalvektoren?
- Was versteht man unter dem skalaren Produkt von Vektoren?
- Was besagt die Orthogonalitätsbedingung?
- Wie wird der Winkel zwischen zwei Vektoren berechnet?
- Gib die Formel für die Projektion eines Vektors auf einen anderen an! Fertige eine Skizze an, in der du die vorkommenden Größen einzeichnest.
- Wie berechnet man den Mittelpunkt einer Strecke?
- Gib die Gleichung der Geraden
  a) in Parameterform
  b) in Normalvektorform an und benenne die vorkommenden Größen!
- Welcher Zusammenhang besteht zwischen dem Richtungsvektor $\vec{a}$ und der Steigung k einer Geraden?
- Welche Lagebeziehung können zwei Geraden in der Ebene haben?
- Gib die Formel für den Abstand eines Punktes von einer Geraden an!

Wende dein Wissen an!

1 Gib die Vektoren an!

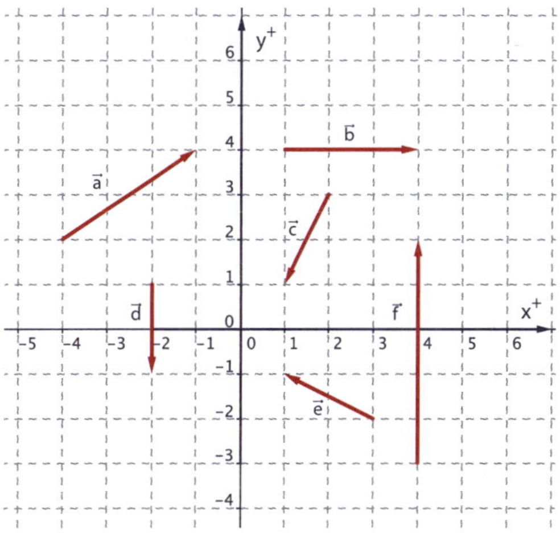

2 Welche Vektoren sind

a) parallel b) gleich lang

c) normal zueinander d) gleich?

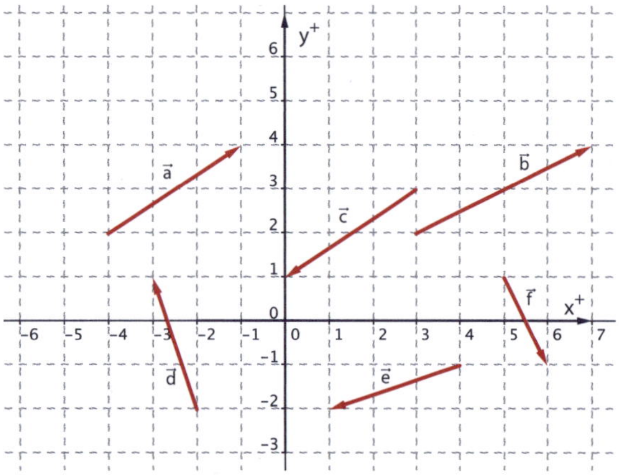

3 Von einer Strecke AB kennt man A(–1/2) und den Mittelpunkt $M_{AB}(3/0)$.
Ermittle rechnerisch und graphisch den Punkt B!

4 Ermittle die fehlenden Koordinaten so, dass die Vektoren parallel sind!

a) $\vec{a} = \begin{pmatrix}5\\-2\end{pmatrix}, \vec{b} = \begin{pmatrix}20\\y\end{pmatrix}$ b) $\vec{a} = \begin{pmatrix}4\\y\end{pmatrix}, \vec{b} = \begin{pmatrix}-1\\2\end{pmatrix}$ c) $\vec{a} = \begin{pmatrix}0\\-5\end{pmatrix}, \vec{b} = \begin{pmatrix}x\\-1\end{pmatrix}$

5 Addiere graphisch und rechnerisch!

a) $\vec{a} = \begin{pmatrix}-2\\-1\end{pmatrix}, \vec{b} = \begin{pmatrix}4\\5\end{pmatrix}$ b) $\vec{a} = \begin{pmatrix}2\\1\end{pmatrix}, \vec{b} = \begin{pmatrix}1\\4\end{pmatrix}$

6 Subtrahiere graphisch und rechnerisch!

a) $\vec{a} = \begin{pmatrix}5\\3\end{pmatrix}, \vec{b} = \begin{pmatrix}4\\-1\end{pmatrix}$ b) $\vec{a} = \begin{pmatrix}7\\2\end{pmatrix}, \vec{b} = \begin{pmatrix}5\\1\end{pmatrix}$

7 Welche Vektoren sind a) parallel, b) normal zueinander?

$\vec{a} = \begin{pmatrix}4\\2\end{pmatrix}, \vec{b} = \begin{pmatrix}-1\\2\end{pmatrix}$,.. $\vec{c} = \begin{pmatrix}2\\1\end{pmatrix}, \vec{d} = \begin{pmatrix}-3\\6\end{pmatrix}$

8 Gegeben sind der Vektor $\vec{v}$ und $c \cdot \vec{v}$. Welche Vektoren haben zu $\vec{v}$

(1) gleiche Länge (2) entgegengesetzte Orientierung (3) gleiche Richtung?

	(1)	(2)	(3)
$3 \cdot \vec{v}$	☐	☐	☐
$-\vec{v}$	☐	☐	☐
$\frac{1}{2} \cdot \vec{v}$	☐	☐	☐
$-2 \cdot \vec{v}$	☐	☐	☐

9 Gib an, welche zwei Aussagen stimmen!

☐ $\vec{b}, \vec{c}$ haben dieselbe Orientierung

☐ $\vec{a}$ steht normal auf $\vec{b}$

☐ Es gibt ein $t \in \mathbb{R}$ mit $\vec{a} = t \cdot \vec{c}$

☐ Es gibt ein $u \in \mathbb{R}$ mit $\vec{b} = u \cdot \vec{c}$

☐ $\vec{b} \cdot \vec{c} = 0$

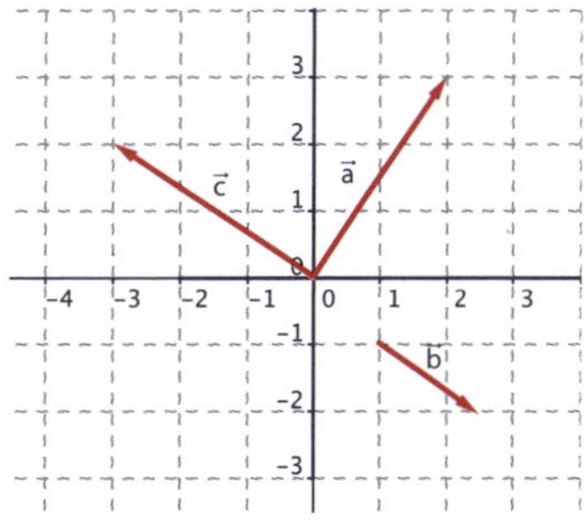

10 Ermittle die fehlenden Koordinaten so, dass $\vec{b}$ der Normalvektor zu $\vec{a}$ ist!

a) $\vec{a} = \begin{pmatrix} 1 \\ -6 \end{pmatrix}$, $\vec{b} = \begin{pmatrix} x \\ 1 \end{pmatrix}$ b) $\vec{a} = \begin{pmatrix} -3 \\ -4 \end{pmatrix}$, $\vec{b} = \begin{pmatrix} 4 \\ y \end{pmatrix}$ c) $\vec{a} = \begin{pmatrix} 1 \\ 0 \end{pmatrix}$, $\vec{b} = \begin{pmatrix} 0 \\ y \end{pmatrix}$

11 Gib zu $\vec{a} = \begin{pmatrix} 5 \\ 2 \end{pmatrix}$ einen Normalvektor an und zeige rechnerisch, dass diese beiden Vektoren normal aufeinander stehen.

12 Welches Viereck liegt vor? Begründe!

a) A(–1/–1), B(3/0), C(2/4), D(–2/3)

b) A(–1/–1), B(2/–2), C(3/2), D(0/3)

13 Welche Geraden sind gleich?

a) $X = \begin{pmatrix} 2 \\ 3 \end{pmatrix} + t \cdot \begin{pmatrix} -1 \\ 2 \end{pmatrix}$ (1) $x = \begin{pmatrix} -1 \\ 2 \end{pmatrix} + u \cdot \begin{pmatrix} 1 \\ 5 \end{pmatrix}$

b) $X = \begin{pmatrix} 4 \\ 1 \end{pmatrix} + v \cdot \begin{pmatrix} 2 \\ 1 \end{pmatrix}$ (2) $x - 2y = 2$

c) $3x - y = 9$ (3) $2x + y = 7$

d) $y = 5x + 7$ (4) $x = \begin{pmatrix} 4 \\ 3 \end{pmatrix} + s \cdot \begin{pmatrix} 1 \\ 3 \end{pmatrix}$

14 Ermittle die Lagebeziehung der Geraden!

a) g: $X = \begin{pmatrix} 3 \\ 2 \end{pmatrix} + t \cdot \begin{pmatrix} 5 \\ -1 \end{pmatrix}$ h: $X = \begin{pmatrix} -2 \\ 3 \end{pmatrix} + v \cdot \begin{pmatrix} 10 \\ -2 \end{pmatrix}$

b) g: $X = \begin{pmatrix} 1 \\ 4 \end{pmatrix} + t \cdot \begin{pmatrix} 3 \\ 0 \end{pmatrix}$ h: $y = 2$

c) g: $X = \begin{pmatrix} 3 \\ 4 \end{pmatrix} + t \cdot \begin{pmatrix} 3 \\ 1 \end{pmatrix}$ h: $x - 3y = -9$

d) g(A, B): A(–1/4), B(3/0) h(C, D): C(2/1), D(7/0)

15 Ermittle die Gleichung g, die die Gerade h: $x = \begin{pmatrix} 4 \\ 2 \end{pmatrix} + t \cdot \begin{pmatrix} 3 \\ 4 \end{pmatrix}$ im Punkt P(4/2) schneidet und normal auf h steht.

16 Bestimme den Parameter so, dass die Geraden g und h a) parallel b) ident sind!

(1) g: $x + 3y = 5$
h: $x + 3y = c$

(2) $2x + 4y = 3$
$x + 2y = c$

17 Bestimme den Parameter so, dass die Geraden g und h einander im Punkt S(2/–4) schneiden!

g: $ax + 3y = 2$

h: $x + y = c$

18 Bestimme die Gleichung jener Geraden, die zur Geraden mit der Gleichung $X = \begin{pmatrix} 3 \\ -1 \end{pmatrix} + t \cdot \begin{pmatrix} 2 \\ 5 \end{pmatrix}$

a) parallel b) normal ist und durch P(3/2) verläuft!

In der Reihe „Aufsteigen" unter anderem erschienen:

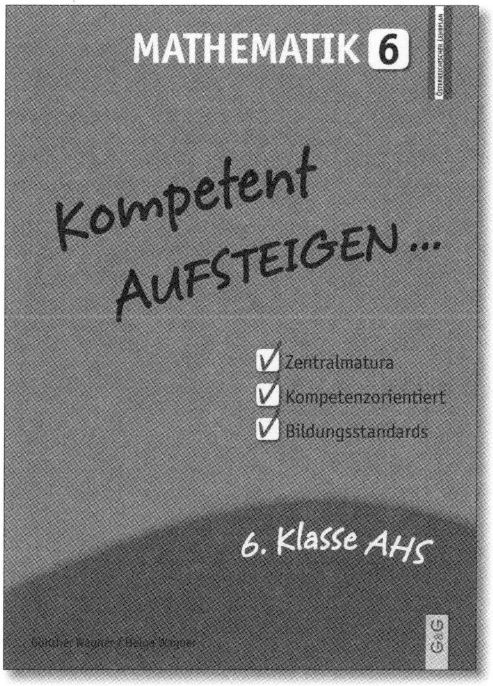

ISBN 978-3-7074-1589-6

ISBN 978-3-7074-2024-1

ISBN 978-3-7074-2115-6

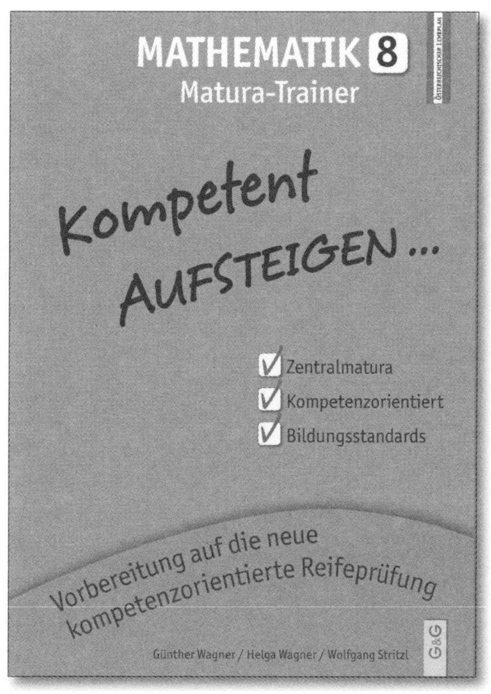

ISBN 978-3-7074-1981-8

www.ggverlag.at

In der Reihe Mathematik positiv! erschienen:

ISBN 978-3-7074-1412-7
Lösungen: ISBN 978-3-7074-1413-4

ISBN 978-3-7074-1417-2
Lösungen: ISBN 978-3-7074-1418-9

ISBN 978-3-7074-1684-8
Lösungen: ISBN 978-3-7074-1685-5

Zu jedem Band gibt es einen eigenen umfangreichen Lösungsband, in dem alle Übungen durchgerechnet und mit zahlreichen Anleitungen versehen sind.

Entspricht dem derzeitig gültigen Lehrplan!

www.ggverlag.at